U0571925

"十四五"职业教育国家规划教材

汽车总线系统检修

（第 3 版）

主编　张　军

主审　赵　宇

全书配套资源

北京理工大学出版社

BEIJING INSTITUTE OF TECHNOLOGY PRESS

内 容 简 介

本教材主要讲解了现代轿车总线系统控制系统的原理与维修，重点讲解了 CAN（局域网络）、MOST（面向媒体的光纤传输）、LIN（区域局域网）、Bluetooth（蓝牙通信）等通信系统的原理。以大众车系、奥迪车系、丰田车系、本田车系、别克车系等现代轿车为核心，重点讲述总线系统原理与检修、故障诊断及主要仪器的使用。

本书原理与实践相结合，采用了大量通俗易懂的图片，结合了众多车型的特点，可以作为高等院校汽车相关专业教材和汽车维修人员培训教材，也是汽车相关专业人员自学提升的宝贵书籍。

图书在版编目（CIP）数据

汽车总线系统检修／张军主编 . -- 3 版 . -- 北京：北京理工大学出版社，2022.2（2024.1 重印）

ISBN 978-7-5763-1069-6

Ⅰ．①汽…　Ⅱ．①张…　Ⅲ．①汽车-计算机控制系统-总线-车辆修理-高等学校-教材　Ⅳ．①U472.41

中国版本图书馆 CIP 数据核字（2022）第 030966 号

责任编辑：高雪梅	文案编辑：高雪梅
责任校对：周瑞红	责任印制：李志强

出版发行 / 北京理工大学出版社有限责任公司	
社　　址 / 北京市丰台区四合庄路 6 号	
邮　　编 / 100070	
电　　话 / （010）68914026（教材售后服务热线）	
（010）68944437（课件资源服务热线）	
网　　址 / http://www.bitpress.com.cn	

版 印 次 / 2024 年 1 月第 3 版第 3 次印刷	
印　　刷 / 三河市天利华印刷装订有限公司	
开　　本 / 787 mm×1092 mm　1/16	
印　　张 / 15.5	
字　　数 / 365 千字	
定　　价 / 46.00 元	

前　言

◇ 汽车总线系统检修（第3版）

1. 编写意图

"智能化、电动化、网络化、共享化"新四化是现代汽车方向发展，而网络化是汽车新四化的技术基础。过网络联结将汽车上所有控制单元联系起来并进行信息传递和控制，实现汽车智能化、网络化、共享化的功能，汽车总线技术是汽车车载网络的基础，为培养适应新形势下汽车的生产、制造、售后服务技术人才的培养，编写了本教材。

2. 编写内容

本教材是"手册+工单式"教材，教学内容为汽车总线网络备最常见的基础知识，是学生从事汽车生产企业工作岗位和汽车售后服务维修企业岗位，所必备基本知识，难度适中，适用于高职高专汽车电子技术和汽车运用与维修专业的学生或者中高职衔接的学生。本教材以任务驱动，问题导向，工单引领教学模式，将知识技能融于工作过程中，并将素质培养贯穿于整个工作过程。培养学生具有家国情怀，爱专业，善于沟通交流，遵纪守法，节能环保，具有高尚品德、健全人格、全面发展的高素质技术技能人才。本教材内容包括：CAN、LIN、MOST、FlexRey、VAN、Byteflight 等总线系统知识内容。

3. 编写特点

（1）构建项目化教材 按照能级递进的人才培养规律，由初级到高级，由易到难，根据车型按照能级递进规律进行序化为 7 个模块，11 个任务，注重学生"做中学"，从"做"中发现问题、分析问题、解决问题，突出学生能力发展。

（2）实现课证融通 依据国家标准、行业标准，融入 1+X 考核标准，各系统按照由初级到高级进行设计，体现课证融通职教特点。

书中配备微课、视频、课件等教学媒体资源。有机融入汽车运用与维修"1+X"证书的"汽车全车网关控制与娱乐系统控制""新能源汽车网关控制娱乐系统控制""汽车电气与空调舒适系统技术"知识点和技能点、考核点实现课证融通。任务表见表1。

表1   《汽车总线系统检修》模块任务表

模块名称	任务名称	难度描述
模块一 汽车单片机技术在车载网络中的应用	汽车电控单元的认知	1+X 初级、中级/汽车维修工初、中级
模块二 汽车总线系统的认知	任务 认识 CAN 及 MOST 网络故障类型	1+X 中级/汽车维修工中级
模块三 大众车系总线系统检修	任务一 迈腾轿车总线网络认知	1+X 中级/汽车维修工中级
	任务二 迈腾轿车舒适总线的检测	1+X 高级/汽车维修工高级
	任务三 迈腾轿车动力总线的检测	1+X 高级/汽车维修工高级
模块四 大众车系总线系统检修	任务一 奥迪 A6L 轿车总线网络拓扑认知	1+X 中级/汽车维修工中级
	任务二 奥迪 A6L 轿车 LIN 总线的检测	1+X 高级/汽车维修工高级
模块五 丰田轿车总线系统检修	任务一 丰田轿车总线网络认知	1+X 中级/汽车维修工中级
	任务二 丰田轿车总线网络故障诊断	1+X 高级/汽车维修工高级
模块六 本田轿车总线系统检修	任务 本田轿车总线网络系统认知	1+X 中级/汽车维修工中级
模块七 别克轿车总线系统检修	任务 别克轿车中控门锁故障诊断	1+X 高级/汽车维修工高级

（3）融入课程思政。教材贯彻落实党的二十大精神，把养成严谨、细致、认真的工匠精神；安全意识、规则意识、质量意识、信息素养、法律法规意识、安全环保知识等融入教材的培养目标和教材内容；把北斗导航技术、车道辅助系统等先进技术进入教材，鼓励学生树立独立自主、自力更生精神；弘扬民族品牌的认知，对中国文化自信；激发学生爱国主义，民族自豪感等思政元素有机融入学习任务；优化实践育人方式，以任务为载体，将安全教育、劳动精神、工匠精神等贯穿于整个教材的编写全过程，引导学生怀匠心、树匠德、练匠技、做匠人。

（4）教材资源丰富。每个模块具有丰富的微视频等媒体资源，学习者可通过扫描二维码观看，方便自主学习。每个任务中都有相应的活页工单，和参考信息，可供学生学习使用。以服务"人的全面发展"为核心，围绕"品德修养"、"文化传承"和"品牌力量"主线，各项目融入课程思政案例，为教师提供育人借鉴。

本教材张军由长春汽车工业高等专科学校教授担任主编，由于经验有限本书介绍的诊断流程，测试数据可能有遗漏，希望使用本教材时提出改进意见，在此表示感谢。

目　录

△ 汽车总线系统检修（第3版）

1

模块一
汽车单片机技术在车载网络中的应用

📖【能力目标】

知识目标	1. 熟悉微控制器的组成 2. 掌握单片机对信息的处理
技能目标	1. 能够正确分析电控单元对信息的输入和输出 2. 能够正确检测电控单元对信号的输入和输出
素质目标	1. 具有安全意识、环保意识、法律意识 2. 具有良好的团队合作精神，以客户为中心，敬客经营的职业精神 3. 培养学生技能救国、技能兴国的理念以及科技报国的家国情怀和使命担当

📖【任务描述】

　　一辆 2015 年生产的宝来轿车，行驶里程 5 万公里，用户反映发动机不能启动，经维修人员诊断确认是电控单元故障，需要更换发动机电控单元，需要维修人员和学员了解以及掌握电控单元的工作原理和检测方法。

📖【必备知识】

(微课: 1.1.1 微控制器组成)

1.1　汽车微控制器系统组成

1.1.1　微控制器组成

微控制器是以汽车单片机为核心器件的单片机系统，该系统不是以几个部件的形式出现在汽车上，而是将几乎所有的硬件集中装配在一块印制电路板上，然后用一个金属外壳封装起来，有的为了防潮、防振还在壳体内部灌注树脂胶。在汽车上我们看到的微控制器是由金属外壳封装、具有各种功能的控制单片机系统，也就是所谓的汽车电子控制单元 ECU（Electronic Control Unit）。

装在外壳下和汽车凹槽深处的微控制器可以收集并交换信息，实现控制、优化和监测等功能，其基本构成见图1-1。

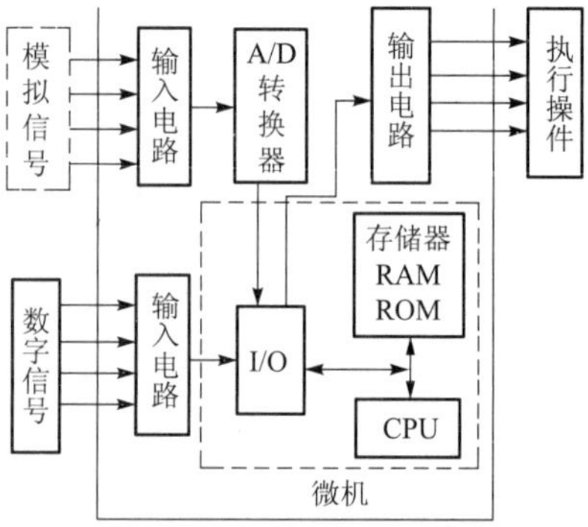

1. 中央处理器 CPU（Central Processing Unit）

CPU 是微控制器内部的核心部件，它决定微控制器的主要功能和特性。CPU 由两部分组成：一是控制器，简写为 CU，它控制各部分协调工作。二是算术逻辑运算器，简写为 ALU，它负责算术和逻辑运算，核心为一个运算器。

2. 输入电路

输入电路是把传感器输入的各种信号进行放大、滤波、整形、变换等一系列的处理，转换为计算机可以识别的标准信号。一般分为模拟信号输入电路和数字信号输入电路。

图1-1　汽车电子控制单元（ECU）的基本构成

（1）模拟信号输入电路

模拟信号输入电路是单片机将控制对象的各种被测参数，如水温、空气流量、气温等都通过传感器变成模拟电信号，然后经过 A/D 转换器变成数字量进入 ECU 的电路。

（2）数字信号输入电路

数字量输入装置多是产生离散信号，通常这些信号代表两种状态，如开和关、限内与限外、高电平与低电平等。例如：发动机曲轴转速传感器就是一种数字传感器，它可以产生和曲轴转角速度成正比频率脉冲信号。在防滑制动中的轮胎转速传感器也是一种数字传感器，它产生的信号经过预处理成 ECU 要求的标准脉冲后，进入 ECU 控制的计数器，通过测频或测周期的算法求出相应的转速值。上止点的脉冲信号发生器在曲轴转到上止点之前的某个位置时，产生一个窄脉冲，作为点火喷油的基准信号。以上装置都是数字量输入装置。

3. 输出电路

输出电路是把计算机发出的控制指令信号，经过放大、变换等处理转换成可以驱动各执行器工作的电信号。一般分为模拟信号输出电路和数字信号输出电路。

（1）模拟信号输出电路

模拟量输出装置多是执行机构，例如控制空燃比用的节气门开度控制器，就是把 ECU 送来的数字信号通过步进电机变成机械转动量（模拟量）。

（2）数字信号输出电路

数字量输出装置是汽车自动控制的输出机构的一种，例如电子喷油器的电磁线圈、点火系统的点火线圈等都是数字量输出装置。喷油的自动控制主要解决两个问题：一是喷油量的多少，主要是由 ECU 给喷油器电磁线圈脉冲的宽度来决定的；二是在什么时间开始喷油，由发动机曲轴转角大小（由上止点到开始喷油的转角大小）来决定。当然，ECU 输出要通过接口、光电隔离及功率放大后才能控制执行机构。

4. A/D 转换器

A/D 转换器是将模拟信号转换成数字信号的装置。

5. 存储器

存储器一般分为两种，能读出也能写入的存储器称为随机存储器，简称 RAM。只能读出的存储器称为只读存储器，简称 ROM。

（1）RAM

RAM 主要用来存储计算机操作时的可变数据，如用来存储计算机输入/输出数据和计算过程中产生的中间数据等。根据需要，RAM 中的数据可随时调出或被新的数据代替（改写）。RAM 在计算机中起暂时存储信息的作用。当电源切断时，所有存入 RAM 的数据均完全消失。在发动机运行中，为了存入 RAM 中的一些数据，如故障代码、空燃比学习修正值等能较长期地保存，防止点火开关断开时因电源被切断而造成数据丢失，一般这些 RAM 都通过专用电源后备电路与蓄电池直接连接，使它不受点火开关的影响。当然，当电源后备专用电路断开或蓄电池上的电源线被拔掉时，存入 RAM 的数据就会丢失。

（2）ROM

ROM 用来存储固定数据，即存放各种永久性的程序和永久性或半永久性的数据，如电子控制燃油喷射发动机系统中的一系列控制程序软件、喷油特性、点火控制特性以及其他特性数据等。这些信息资料一般都是在制造时由厂家一次性存入，使用时无法改变其中的内容，即计算机工作时，新的数据不能存入，需要时，可读出存入的原始数据资料。当电源切断时，存入 ROM 的信息不会丢失，通电后可以立即使用。这种存储器多由制造厂大批量生产，其成本较低、价格便宜。

为便于使用，另外还设计有几种不同类型的只读存储器，如 PROM、EPROM 和 EEPROM 等。PROM 为可编程只读存储器；EPROM 为可擦除、可编程只读存储器；EEPROM 为电力擦除可编程只读存储器。EEPROM 是上述几种只读存储器中价格最贵的一种，如果在使用过程中需要修改重要数据，应使用这类存储器，如汽车里程表的数据存储就常用这种存储器。汽车里程数据根据需要更改时，应将原来存储的数据擦掉，写入新的数据。当电源切断时，存入以上 4 种只读存储器的信息都不会丢失。

6. 接口

接口是一种在微处理器和外围设备之间控制数据流动和数据格式的电路。简单地说，接口就是连接两个电子设备单元的部件。微处理器要通过外部设备与外界联系，例如在发动机的优化控制中，CPU 要在极短的时间内对发动机的许多工况（通过传感器）进行巡回检查，另外，CPU还要对点火提前角、燃油喷射、自动变速等进行自动控制或优化控制。许多输入/输出（I/O）设备与微机连接时，必须有其专用的接口电路。接口电路可以把输入/输出设备接收和发送的数据与微机所能处理的数据格式匹配起来，同时，接口电路还向微机传送各种状态的信息。另外，微机的运算处理速度和信息传输速度很快，而输入/输出设备的工作速度相对较慢，也需要用接口电路来协调。就是说，外部设备必须通过各种接口和输入/输出总线与微机相连接，而微机对外部设备的控制和信息交换也要通过接口来实现。不同的外部设备要求不同功能的接口，所以接口的结构多种多样。接口可分为并行和串行两种。

（1）串行接口

一次传输一位数据称为串行传输，如图1-2所示。以串行传输方式通信时，使用的接口称为串行接口，它由接收器、发送器和控制器三部分组成。接收器把外部设备送来的串行数据变为并行数据送到数据总线，发送器把数据总线上的并行数据变为串行数据发送到外部设备。控制器是控制上述两种变换过程的电路。串行接口的主要用途是进行串/并、并/串转换。

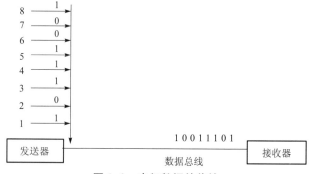

图1-2　串行数据的传输

（2）并行接口

同时传输两位或两位以上的数据称为并行传输。以并行传输方式通信时，是把多位数据（如8位数据）的各个位同时传送，如图1-3所示。微机内部几乎都采用并行传输方式。由于CPU与外部设备的速度不同，所以外部设备的数据线不能直接接到总线上。为使CPU与外部设备的动作匹配，两者之间需要有缓冲器和锁存器。缓冲器和锁存器用于暂时保存数据，具有暂时保存数据并以并行方式传输的功能接口称为并行接口。串行接口和并行接口统称为输入/输出接口。

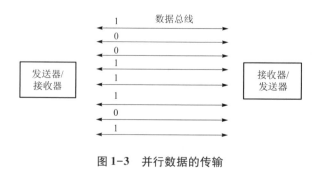

图1-3　并行数据的传输

（微课：汽车电控单元
控制方式）

（微课：数字信号、
模拟信号）

（视频：霍尔传感器
视频（1））

（视频：霍尔传感器
视频（2））

1.1.2　车载网络的分类及控制单元的控制方式

1. 车载网络的分类

随着汽车电子技术的发展，汽车电控系统按照网络分为三类：动力系统控制、舒适系统控制、信息与娱乐系统控制，如图1-4所示。

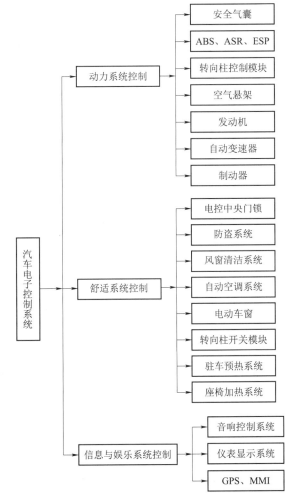

图1-4　单片机在汽车电子控制系统中的应用

2. 控制单元的控制方式

汽车某个系统工作时其控制单元（控制器）对传感器不断进行检测，即信号不断输入和输出，信息的传递形式有模拟信号和数字信号两种。

模拟信号一般要转换为数字信号后才能传递给汽车控制器，而数字信号只要稍加电平变换就可以直接被汽车控制器接收。以进气温度传感器的信号处理为例，如果空气温度低，其密度就大，单位体积内就含有较多的氧气。如果空气温度高，其密度比较低，单位体积内的含氧量较少。密度较大的空气需要更多的燃料与之混合，发动机控制单元必须根据空气的温度和密度提供汽车发动机所需要的准确数量的燃料。

进气温度传感器位于进气歧管内可以感知进气温度的地方。这个传感器中有一个负温度系数热敏电阻，当空气温度较低时，电阻元件的电阻值增加。反之，电阻元件的电阻值减小。当进气温度传感器变冷时，它向汽车单片机送出一个幅值较大的模拟电压信号，控制器的 A/D 转换器再把这个信号转换成数字信号，被控制器接收，如图 1-5 所示。

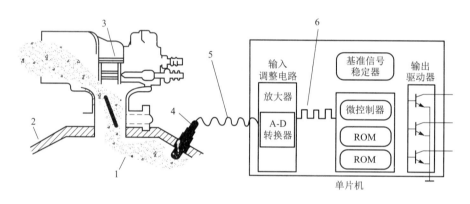

图 1-5 进气温度信号的输入

1—进气温度传感器感知进气温度；2—进气歧管；3—燃油喷射器；4—进气温度传感器；
5—向控制器输入高电压幅值的模拟信号；6—传递控制器的数字信号

控制单元有以下几种控制方式。

（1）利用查询控制器中预先存入标准表值进行输出驱动执行元件

为了精确计算出点火提前角、燃油喷油提前角和喷油脉宽，控制器内部需预先存入一个标准的表格，控制器根据传感器传来信号计算出的数值与这个标准表格对照，最后输出一个校正的值来控制执行器工作。

控制器收到进气温度传感器信号后立即访问 ROM 中的查询表，查询表列出了每一空气温度对应的空气密度。当进气温度传感器电压信号很高时，查询表会指出空气密度很大。这个信息传给微控制器，控制器通过输出驱动器控制燃油喷油器向发动机提供准确数量的燃油，如图 1-6 所示。

（2）电控单元直接输出正电

用于运行微处理器的 5V 恒定电压是由电源电压在发动机控制单元内部产生的这个恒定电压，是专门用于传感器的电源。为了输出电压信号，一般传感器用 0~5V 的电压变化来代替被检测的位置信号。

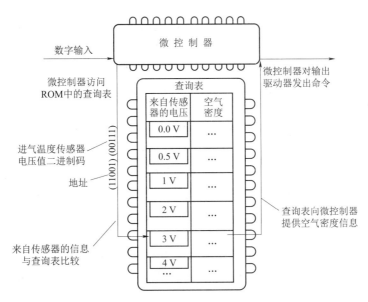

图 1-6　发动机电控单元对进气温度信号处理

（3）采用上拉拔电阻或下拉拔电阻的分压检测分流电压

图 1-7 所示电控单元测量电流直接流向传感器，或是测量电流从传感器流入控制单元。两种情况下，通过下拉拔电阻（拔出）或上拉拔电阻（插入）电阻会都产生电压损失。控制单元内的传感器与电阻组合形成分压器。测量电流会造成电压损失，而分流电压等于控制单元的测量值。电阻 R1、R2、R3 为上拉拔电阻（电源在电控单元内部），通过拉拔电阻分压，电控单元检测到 A、B、C 三点的电位，就可以检测到线路连接、传感器和开关的工作状态。这里要注意的是温度传感器、霍尔传感器电流是由电控单元流出经过传感器搭铁。

图 1-7 中电阻 R4 为下拉拔电阻（外加电源，电控单元内部搭铁）例如图中的电位计/压力传感器采用下拉拔电阻 R4。经过电位计/压力传感器的电流是由电源方向流向控制单元，由控制单元内部搭铁。

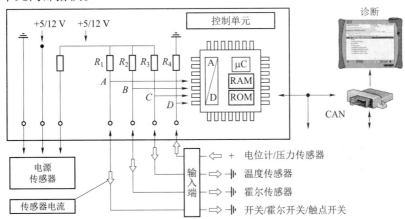

图 1-7　电控单元对信号输入、输出的处理方式

① 开关信号。

图1-8为开关信号电路，控制单元在拉拔电阻前供给电压。根据系统不同，电压可以5V持续电压、12V持续电压或脉冲电压及信号。每个开关在接通时通常由控制单元的电压来测量，电流流经每个闭合开关，并由此提高控制单元的电耗。因此，车辆电气中电子设备的设计旨在车辆锁合后，所有处于待机模式的开关（车门开关接触开关、发动机机舱盖接触开关、车门锁开关）都处于打开状态，以降低电流耗值。若使用脉冲技术中还有扩展故障诊断功能。控制单元内的拉拔电阻作为分压器预制于传感器或开关前。开关将通常为5或12V的预压电位计接地。控制单元对开关状态的电压值进行分析（此情况0或12V）。为了能够在整车电源低压状态下使用电位计值，电源电压要始终明显低于整车电压。这同样也适用于所有用来进行信号采集的电阻。由于测量仪表的迟缓，电位计的"误差"无法或很难用万用表判定。因此有必要采用DSO进行误差检测，对于这种故障类型，可以不必进行故障储存记录。

同理，电控单元也可以通过脉冲信号检测开关触点电位不同来判断不同的档位，驱动相应的执行件工作，例如车门控制单元控制车窗的升降、转向开关和巡航开关等，如图1-9所示。

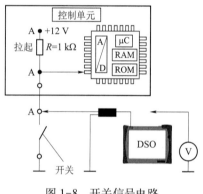

图1-8　开关信号电路

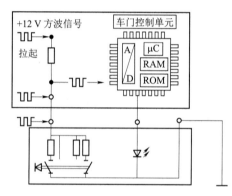

图1-9　电动车窗档位识别

② 电位计、温度传感器信号。

在写入模式下可以记录NTC的特征线，NTC特征线在高温时呈平缓趋势，因此NTC仅适用于低温测量，对于极端高温应采用PTC电阻（如排气温度）。特征线在PTC情况下成水平逆转。拉拔电阻与NTC形成分压器，分流电压为控制单元的测量值。根据温度变化，电压始终在0~5 Volt变化。若加载电压超出这个范围，可能会造成存储单元的故障存储记录。遇到错接，发送器的电压不得为0或5 V，该连接相当于控制单元与接触开关的连接（门触点、罩壳触电、车后门把手等）。为了避免滑触头电压随电位计电源波动，通常用控制单元来对电源进行稳压。同理，为了能够在整车电源低压状态下使用电位计值，电源电压要始终明显低于整车电压。这同样也适用于所有用来进行信号采集的电阻。由于测量仪表的迟缓，电位计的"误差"无法或很难用万用表判定。因此有必要采用DSO进行误差检测，对于这种故障类型，可以不必进行故障储存记录，如图1-10所示。

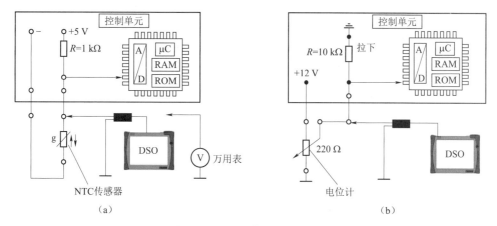

图 1-10　上、下拉拔电阻的应用
（a）NTC 传感器控制；（b）电位计控制

1.2　汽车单片机应用系统的基本要求

汽车单片机主要实现各种信号的检测和各部件的控制，功能比较单一，不要求较强的通用性，但要满足以下技术要求。

1. 可靠性高，具有应急备用功能

汽车单片机应用系统如果出现故障，可能造成重大损失。因此，可靠性对汽车单片机应用系统是至关重要的。而且，要求汽车单片机系统一旦出现故障，要有应急备用系统能够暂时代替汽车单片机维持汽车的运行。

2. 适应汽车运行的恶劣环境

汽车单片机应用系统装配在汽车上，而汽车的运行环境是千差万别的，有时环境条件十分恶劣，如极端的温差、复杂的气候、恶劣的路况和遭受侵蚀性物质的影响等。各种电气设备产生的电磁波干扰和电压波动，都会对汽车单片机系统的正常运行产生一定的影响。因此，为使汽车单片机系统能可靠、无故障地工作，必须满足以下要求：

① 耐温范围为 $-40 \sim 125 \ ℃$。

② 防电磁干扰，不易受外部辐射（如移动无线电话）的影响，本身没有电磁干扰的辐射。

③ 抗振、防潮湿、防腐蚀。

④ 重量轻，生产成本低，安装可靠。

3. 具有完善的输入/输出通道和实时控制能力

为了对汽车运行过程进行检测和控制，需要传送大量数据和各种类型的信号，因此要求汽车单片机系统具有比较完备的模拟量和数字量输入/输出通道。汽车运行过程的控制信号是实时的，要求单片机对输入信号的变化具有足够快的反应速度，能够及时处理并改变控制信号，因此要求汽车单片机系统具有较完善的中断处理能力。

4. 易于操作和维护

汽车单片机系统安装在汽车上，使用者一般不是专业计算机人员，因此在设计操作系统和信号控制系统时，应简单明了、便于操作，一旦发生故障，能及时查明原因，迅速予以排除。

5. 具有一定的可扩展性

根据汽车生产和汽车运行过程中的可能变动，汽车单片机系统在输入/输出端口、存储器等方面应具有可扩展性。并应该留出数据接口，便于维修人员利用故障码读取器从单片机系统中读取故障代码，为维修提供方便。

6. 具有较为完善的软件系统

一个较为完善的软件系统除包括监控、管理、计算、检测、自诊断和通信等功能外，还应具有优化的控制算法和控制逻辑、较高的实时性和抗电磁干扰的能力，从软件上保证汽车单片机应用系统工作的可靠性。

【任务实施】

任务　汽车电控单元的认知

任务要求：

1. 通过任务实施，让学员能够对电控单元的工作原理有初步认识。
2. 正确使用万用表示波器。
3. 能够正确测试电控单元的输入和输出信号。

任务工单：

任课教师		学时	
班级		学生姓名	
模块	汽车单片机技术在车载网络中的应用	学习时间	
任务	汽车电控单元的认知	学习地点	
仪器与设备	VAS6150、VAS6356、FSA740		
参考资料	1. 宝来轿车维修手册 2015 电路图 2. 速腾轿车维修手册 Sagitar_2009_电路图		
课堂学习	1. 网上搜集资料或手册写出下列控制系统控制单元的英文缩写，并简述作用 防抱死、自动空调、双离合变速器、缸内直喷、电子稳定程序，（加速）驱动防滑系统、前后轴制动力分配、电子助力转向、定速巡航系统、定距巡航系统、自动变速器、车身主动控制系统、电子差速锁、自动制动差速锁、辅助制动系统。		

课堂学习	2. 根据电控单元示意图回答下列问题 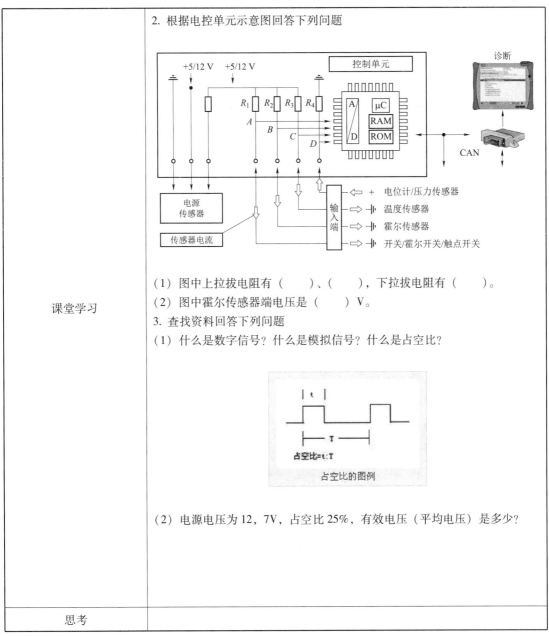 （1）图中上拉拔电阻有（　　）、（　　），下拉拔电阻有（　　）。 （2）图中霍尔传感器端电压是（　　）V。 3. 查找资料回答下列问题 （1）什么是数字信号？什么是模拟信号？什么是占空比？ （2）电源电压为12，7V，占空比25%，有效电压（平均电压）是多少？
思考	

🚗 **小结**

1. 微控制器由中央处理器、输入电路、输出电路、A/D 转换器、存储器组成。

2. 外部设备必须通过各种接口和输入/输出总线与微机相连接，而微机对外部设备的控制和信息交换也要通过接口来实现。不同的外部设备要求不同功能的接口，所以接口的结构多种多样。接口可分为并行和串行两种。

3. 汽车单片机应用系统的基本要求：可靠性高，具有应急备用功能；适应汽车运行的恶劣环境；具有完善的输入/输出通道和实时控制能力；易于操作和维护；具有一定的可扩展性；具有较为完善的软件系统。

 习题

1. 微控制器由哪几部分组成？
2. 汽车单片机应用系统的基本要求有哪些？

2 模块二
汽车总线系统的认知

【能力目标】

知识目标	1. 了解总线系统组成、网络协议 2. 了解总线系统的传输原理 3. 掌握网关、网络拓扑的作用
技能目标	1. 能够正确分析光纤网络传输原理 2. 能够正确判断光纤网络出现故障类型
素质目标	1. 具有安全意识、环保意识、法律意识 2. 具有严谨、规范、精益求精的大国工匠精神 3. 培养技能救国、技能兴国的理念以及科技报国的家国情怀和使命担当 4. 具有正确的劳动观点和劳动态度以及爱岗敬业、吃苦耐劳的精神

【任务描述】

　　一辆 2016 年生产的奥迪 A6L 轿车，行驶里程 8 万公里，用户反映该车车载电话、MMI 不能正常使用，经维修人员诊断确认是 MOST 网络故障，需要维修人员和学员掌握光纤的传输原理并对车辆进行检修。

【必备知识】

（微课：系统的必要性）

2.1 采用总线技术的缘由

总线控制系统既是一个开放的通信网络，又是一种全封闭的控制系统。它作为智能设备的联系纽带，把挂接在总线上称为节点的智能设备连接成网络，使之成为集控制、测量、诊断等的综合网络。

2.1.1 系统的必要性

1. 电控系统的引入显著提高了车辆的综合性能

自20世纪50年代汽车技术与电子技术开始结合以来，电子技术在汽车上的应用范围也越来越广。特别是20世纪70年代后，电子技术领域中集成电路、大规模集成电路和超大规模集成电路的发展，为汽车提供了速度快捷、功能强大、性能可靠、成本低廉的汽车电子控制系统（简称电控系统）。汽车电控系统极大地提高了汽车的经济性、安全性和舒适性，这些汽车电子技术在汽车工业上的广泛应用，能够很好地解决全球范围的汽车尾气排放环保问题和能源危机问题。

2. 电控元件的不断增加使得线束不断增加和庞大

随着电子技术的普遍应用，车辆控制单元的数目不断增多，相应的传感器和执行器的数目不断增多，同时车上的线路也越来越复杂。车上的有限空间根本不能满足汽车技术的发展。为改善汽车的性能而增加大量的电控系统，线束和插头的增加使故障率越来越高。线束长度的飞速增加，使线束变得越来越庞大，如图2-1所示。

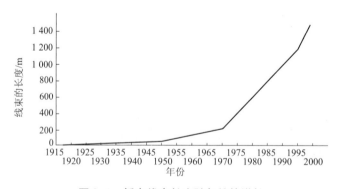

图2-1　轿车线束长度随年份的增长

2.1.2 采用总线技术的优点

1. 减轻整车重量

减少线束，部分线束变细，节省其他空间，单个线束所承载的功能增加。

（微课：采用总线技术的优点）

2. 节约成本

线束减少，传感器共享，可以实现控制器和执行器的就近连接原则。

3. 质量可靠

插头减少，故障率减少，质量更可靠。

4. 减少装配时间

减少了装配步骤（例如装配奥迪 A6 轿车时，方向盘模块减少 5 个，安装步骤减少 2 个）。

5. 增大开发余地

各控制器可以把整车功能相对随意地分担，新的功能和新技术可以通过软件进行更新。

2.1.3　总线技术的发展

1983 年，丰田汽车公司在世纪牌汽车上最早采用了应用光缆的车门控制系统，实现了多个节点的连接通信。

1986—1989 年间，在车身系统上装配了铜线的网络。

通用公司的车灯控制系统已经处于批量生产的阶段。

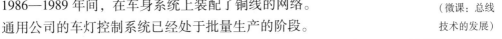

（微课：总线技术的发展）

1983 年，博世公司开始开发汽车总线系统，德国的 Wolfhard Lawrenz 教授给这种新总线命名为 Controller Area Network，简称为 CAN 总线。

1986 年，在底特律汽车工程协会上，由博世公司研发的 CAN 总线系统通信方案获得认可。

1987 年，英特尔公司开发出了第一枚 CAN 的芯片 82526。飞利浦公司很快也推出 82C200。

1993 年 11 月，国际标准化组织公布了 CAN 协议的国际标准 ISO 11898 以及 ISO 11519。

1992 年，奔驰公司第一个采用 CAN 总线技术，将 CAN 总线系统装配在客车上。

在美国，通过采用 SAE J1850 普及了数据共享系统，也通过了 CAN 的标准，明确地表示将转向 CAN 协议。

随着汽车技术的发展，欧洲以与 CAN 协议不同的思路提出了控制系统的新协议 TTP（Time Triggered Protocol），并在 X-by-Wire 系统上开始应用。

为了实现音响系统的数字化，建立了将音频数据与信号系统综合在一起的 AV 网络，因为这种网络需要将大容量的数据连续地输出，因此，在这种网络上将采用光缆。今后，当对汽车引入智能交通系统（ITS）时，由于要与车外交换数据，在信息系统中将会采用更大容量的网络，例如 D2B 协议、MOST 及 IEEE 1394 等。

主要车载网络的基本情况见表 2-1。

表 2-1   主要车载网络的基本情况

车载网络名称	概要	通信速度	开发单位
CAN（Controller Area Network）	车身/动力传动系统控制用 LAN 协议，最有可能成为世界标准的车用 LAN 协议	1 Mbit/s	Robert Bosch 公司（开发），ISO
VAN（Vehicle Area Network）	车身系统控制用 LAN 协议，以法国为中心	1 Mbit/s	ISO
J1850	车身系统控制用 LAN 协议，以美国为中心	10.4~41.6 kbit/s	Ford Motor 公司
LIN（Local Interconnect Network）	车身系统控制用 LAN 协议，液压组件专用	20 kbit/s	LIN 协议会
IDB-C（ITS Data Bus on CAN）	以 CAN 为基础的控制用 LAN 协议	250 kbit/s	IDM 论坛
TTP/C（Time Triggered Protocol by CAN）	重视安全、按用途分类的控制用 LAN 协议，时分多路复用（TDMA）	2 Mbit/s 25 Mbit/s	TTT 计算机技术公司
TTCAN（Time Triggered CAN）	重视安全、按用途分类的控制用 LAN 协议，时间同步的 CAN	1 Mbit/s	Robert Bosch 公司，CAN
Byteflight	重视安全、按用途分类的控制用 LAN 协议，通用时分多路复用（FTDMA）	10 Mbit/s	BMW 公司
FlexRay	重视安全、按用途分类的控制用 LAN 协议	5 Mbit/s	BMW 公司 Daimler – Chrysler 公司
D2B/Optical（Domestic Digital Bus/Optical）	音频系统通信协议 将 D2B 作为音频系统总线采用光通信	5.6 Mbit/s	C&C 公司
MOST（Media Oriented System Transport）	信息系统通信协议 以欧洲为中心，由克莱斯勒与 BMW 公司推动	22.5 Mbit/s	MOST 合作组织
IEEE 1394	信息系统通信协议 有转化成 IDB1394 的动向	100 Mbit/s	1394 工业协会

车上网络的应用不仅涉及汽车上各电子装置的硬件连接，网络相关软件也必然成为每个电控单元软件中的一部分。汽车上软件系统很快就会成为一个相对独立的部分，它与汽车上电子系统的关系会逐渐发展成像现在计算机软件与硬件系统的关系一样。那时，汽车上的应

用系统将可以直接调用嵌入式操作系统中的网络功能服务程序和其他一些通用服务功能软件，这些软件的设计也会变得像发动机设计、底盘设计及车身设计等一样重要。

2.2 总线系统信息传输及总体构成

2.2.1 总线系统信息传输

总线系统的信息一般采用多路传输。多路传输又称为时分复用技术TDM（Time-Division Multiplexing），是将不同的信号相互交织在不同的时间段内，沿着同一个信道传输。在接收端再用某种方法，将各个时间段内的信号提取出来还原成原始信号的通信技术，多路传输原理图如图 2-2 所示。

（微课：总线系统信息传输）

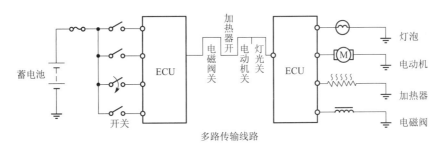

图 2-2 多路传输原理图

为了提高通信系统信道的利用率，话音信号的传输往往采用多路复用技术通信的方式。多路复用通信方式通常指在一个信道上同时传输多个话音信号的技术，有时也将这种技术简称为复用技术。复用技术有多种工作方式，如时分复用、时分多址、波分复用、频分复用等。

时分复用是建立在抽样定理基础上的。抽样定理使连续（模拟）的基带信号有可能被在时间上离散出现的抽样脉冲值所代替。这样，当抽样脉冲占据较短时间时，在抽样脉冲之间就留出了时间空隙，利用这种空隙便可以传输其他信号的抽样值。因此，这就有可能沿一条信道同时传送若干个基带信号。

时分多址（Time Division Multiple Address，TDMA）是使众多的客户公用公共通信信道所采用的一种技术，是把时间分割成周期性的帧，每一帧再分割成若干个时隙（无论帧或时隙，都是互不重叠的），再根据一定的时隙分配原则，使各个移动台在每帧内只能按指定的时隙向基站发送信号，在满足定时和同步的条件下，基站可以分别在各时隙中接收到各移动台的信号而不互相干扰。同时，基站发向多个移动台的信号都按顺序安排在预定的时隙中传输，各移动台只要在指定的时隙内接收，就能在合路的信号中把发给它的信号区分出来。

波分复用（Wavelength Division Multiplexing，WDM）是在同一光纤里同时传输不同波长信号的一种技术。这种技术能有效管理和增加现有光纤骨干的用量。

频分复用（Frequency Division Multiplexing，FDM）就是将用于传输信道的总带宽划分成若干个子频带（或称子信道），每一个子信道传输一路信号。频分复用要求总频率宽度大于各个子信道频率之和，同时，为了保证各子信道中所传输的信号互不干扰，应在各子信道之间设立隔离带，这样就能保证各路信号互不干扰（条件之一）。频分复用技术的特点是所有子信道传输的信号以并行的方式工作，每一路信号传输时可不考虑传输时延，因而频分复用技术得到了非常广泛的应用。

汽车上采用的是单线或双线时分复用多路传输系统。

2.2.2 总线系统构成

总线系统主要由控制单元、数据总线、网络、架构、通信协议、网关等组成。

（微课：总线系统的构成）

1. 控制单元

控制单元（ECU）是检测信号或进行信号处理的电子装置，简单的如温度传感器和压力传感器。

2. 数据总线

数据总线（BUS）是控制单元间运行数据传递的通道，即所谓的信息"高速公路"。如果一个控制单元可以通过总线发送数据，又可以从总线接收数据，则这样的数据总线就称之为双向数据总线。汽车上的数据总线实际是一条导线或两条导线。

高速数据总线及网络容易产生电磁干扰，这种干扰会导致数据传输出错。数据总线有多种检错方法，如检测一段特定数据的长度，如果出错，数据将重新传输，这就会导致各系统的运行速度减慢。

解决的方法有使用价格高、功能更强大、结构更复杂的控制单元。可用双绞线（见图2-3，为克莱斯勒CCD系统采用的双绞线数据总线），它的数据传递是基于两条线的电压

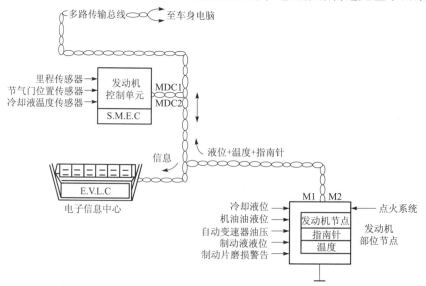

图2-3 克莱斯勒CCD系统采用的双绞线数据总线

差。图上标示了所有进入发动机部位节点（控制单元和总线的连接点）的信息，需要时这些信息就会通过两条数据总线（M1 和 M2）从发动机控制单元节点传输出去。

数据总线的速度通常用波特率来表示，波特率是每秒千字节数（kbit/s）

波特（Baud）是指每秒钟信号的变化次数或者传输的字位数，得名于一位法国工程师的名字（Jean Baudot），CAN 总线的速度最大达到 1 Mbit/s。

并行通信中，传输速率是以每秒传送多少字节来表示，而串行通信中，传输速率在基波传输的情况下（不加调制，以其固有的频率传送）以每秒钟传送的位数（bit/s）即波特率来表示。因此，1 波特＝1 位/秒（bit/s）。

最常用的标准波特率是 110、300、1000、1200、2400、4800、9600 和 19200 波特。CRT 终端能处理 9600 波特的传输，打印机终端速度较慢，点阵式打印机一般也只能以 2400 波特的速率来接收信号。

比特率指每秒可传输的二进制位数。

通信线上所传输的字符数据是按位传送的，1 个字符由若干位组成。因此，每秒钟所传输的字符数即字符速率，字符速率和波特率是两种概念。在串行通信中，所说的传输速率是指波特率而不是指字符速率，在某异步串行通信中传送 1 个字符（包括 1 个起始位、8 个数据位、1 个偶校验位、2 个停止位）若传输速率是 1200 波特，那么，每秒所能传送的字符数是 1200/（1+8+1+2）= 100。

波特率和比特率的区别：

① 波特率指信号每秒的变化次数；比特率指每秒可传输的二进制位数。

② 在无调制的情况下，波特率精确等于比特率。采用调相技术时，波特率不等于比特率。

在汽车总线上一般不采用调相技术，因此波特率精确等于比特率，但它们是两种概念。

数字信道中，比特率是数字信号的传输速率，它用单位时间内传输的二进制代码的有效位数来表示，其单位为每秒比特数（bit/s）、每秒千比特数（kbit/s）或每秒兆比特数（Mbit/s）。

数据总线幅宽会影响数据传输的速度，32 位的数据传输速率要比 8 位快 4 倍。传输速度快并不能说明一切，通用公司在其新型车 Brarada、Trailblazer、Envoy sport 的低速 OBD Ⅱ 总线上采用了主/从架构。货车的车身控制单元是主控制模块，其他 17 个模块分别在不同的物理位置上。这些模块具有许多控制功能，如蓄电池缺电保护、自动空调控制、灯光控制、座椅控制、防盗控制、刮水器控制、喷淋控制、具有记忆功能的座椅、后视镜和门锁控制，还包括许多遥控的个性化调节装置。

图 2-4 所示为通用公司 OBD-Ⅱ 的基本结构。从图上可以看出，所有的输入信号线和输出信号线都经过车辆控制模块，许多车还有一根总线连接 ABS 模块。车辆控制模块采用轮速信号作为车辆的速度输入信号，同时控制发动机和自动变速器，所以无须像其他车辆一样再用另一根总线和自动变速器控制模块连接。

3. 网络

局域网是在一个有限区域内连接的计算机网络。通过这个网络实现这个系统内的信息资源共享，局域网一般的数据传输速度为 105 kbit/s 左右，汽车上的总线传输系统（车载网络）是一种局域网。

图 2-5 所示为速腾轿车的数据总线和连接到总线上的控制单元，数据总线连接到局域网上，构成整个车载网络。

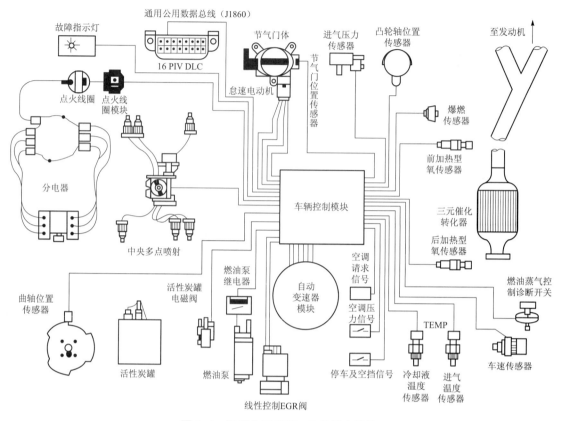

图 2-4   通用公司 OBD-Ⅱ的基本结构

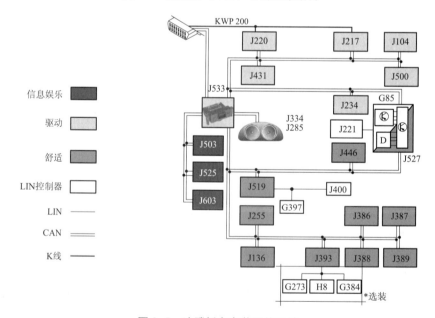

图 2-5   速腾轿车车载网络系统

4. 架构

架构——信息高速公路（BUS）的配置，其输入和输出端规定了什么信息能进和什么信息能出。如果指挥交通需要"警察"（一种特殊功能的芯片），那么就要有"警局"，即模块的输入/输出端。架构通常包括1~2条线路，采用双线时，数据的传输是基于两条线的电压差。当其中的1条线传输数据时，它对地有个参考电压。

数据总线及网络架构的其他重要特征包括：能一起工作的模块数量；可扩展性，无须大的改动就可增加新的模块；互交信息的种类；数据传输速度；可靠性或容错性（抗故障性）及数据交换的稳定与准确性；成本的高低；架构的特定通信协议。

5. 通信协议

通信协议犹如交通规则，包括"交通标志"的制定方法。通信协议的标准包含唤醒、访问和握手。唤醒访问就是一个给模块的信号，这个模块为了节电而处于休眠状态。握手就是模块间的相互确认兼容并处于工作状态。作为汽车维修人员，并不关心通信协议本身，而真正关心的是它对汽车维修诊断的影响。为什么各汽车制造厂家都制定通信协议呢？通信协议本身取决于车辆要传输多少数据、要用多少模块、数据总线的传输速度要多快。大多数通信协议（以及使用它们的数据总线和网络）都是专用的，因此，维修诊断时需要专门的软件。

6. 网关

按照汽车装配的不同控制单元对总线系统性能要求的不同，汽车上的总线系统各有不同。图2-6为一汽迈腾轿车CAN数据总线，共设定了动力系统总线（驱动总线）、舒适系统总线、信息系统总线、仪表系统总线和诊断系统总线5个不同的区域。

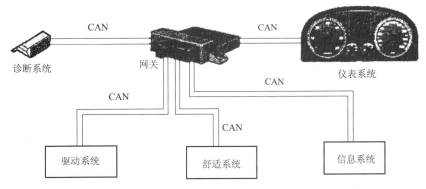

图2-6　一汽迈腾轿车CAN数据总线由网关连接的系统

（1）识别和改变不同总线网络的信号和速率

由于不同区域车载网络的速率和识别代号不同，因此，一个信号要从一个总线进入到另一个总线区域，必须把它的识别信号和速率进行改变，能够让另一个数据总线系统接受，这个任务由网关（Gateway）来完成。如图2-6所示，通过网关将5个系统联成网络，由于电压和电阻配置不同，所以在CAN动力数据总线和CAN舒适/信息数据总线之间无法进行耦合连接。另外，这两种数据总线的传输速率是不同的，这就决定了它们无法使用不同的信号。这样，就需要在这两个系统之间能完成一个转换，这个转换过程也是通过网关来实现的。

（2）改变信息优先级

如车辆发生相撞事故，安全气囊控制单元会发出负加速度传感器的信号，这个信号的优先级在动力系统总线中是非常高的，但转到舒适系统车载网络后，网关调低了它的优先级，因为它在舒适系统中的功能只是打开车门和灯。

（3）网关可作为诊断接口

根据车辆的不同，网关可能安装在组合仪表内、车上供电控制单元内或在自己的网关控制单元内。由于通过 CAN 数据总线的所有信息都供网关使用，所以网关也用作诊断接口。

网关相当于站台，如图 2-7 所示，在站台 A 到达一列快车（CAN 驱动数据总线，500 kbit/s），车上有数百名旅客。在站台 B 已经有一辆慢车（CAN 舒适／信息数据总线，100 kbit/s）在等待，有一些乘客就换到这辆慢车上，而站台 B 上有一些乘客要换乘快车继续旅行。

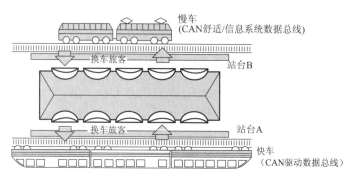

图 2-7　网关的功能

车站/站台的这种功能，即让旅客换车，以便通过速度不同的交通工具到达各自目的地的功能，与 CAN 驱动数据总线和 CAN 舒适／信息数据总线两系统网络的网关功能是相同的，网关的主要任务是使两个速度不同的系统之间能进行信息交换。

2.2.3　总线系统网络拓扑

拓扑的结构（Topology Structure，TS）是指网络节点的几何结构，即各个节点相互连接的方式，一般分为星形网络拓扑、环形网络拓扑、总线型网络拓扑结构。

（微课：总线
系统网络拓扑）

1. 星形网络拓扑

星形网络拓扑如图 2-8 所示，以 1 台中央处理器为中心，中央处理器与每台入网机器有 1 个物理连接链。其特点是结构简单，通信数据量较少，可以根据需要由中央处理器安排网络访问优先权或访问时间。缺点是中央处理器负载重，功能扩充困难，线路利用率低，当系统出现故障时容易影响中央处理器。由于汽车网络的应用目的之一就是简化线束，所以这种结构不可能成为整车网络的结构，但有可能在 1 个部件或总成上使用。

目前使用的星形网络拓扑按传输媒介分为两类：一类是由普通导线传输数据。它的传输速率较低，抗干扰能力较差，一般用于控制精度较低的设备，如宝马轿车上自动空调系统的伺服电动机。另一类是由光纤传输数据。此类网络目前正被一些高档轿车广泛应用，它的传输速率较快，不会被电磁辐射等外界的干扰源干扰，可靠性强，信号衰减小，不存在短路和接地，如宝马 7 系列轿车被动安全系统的 Byteflight。下面就以 Byteflight 为例，对它的工作原理进行分析。

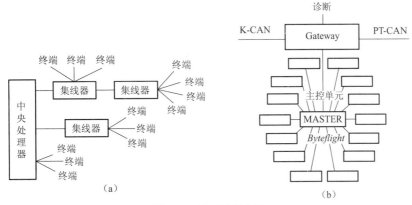

图 2-8 星形网络拓扑

（a）星形网络拓扑示意图；（b）宝马轿车安全系统星形网络拓扑结构

该系统是由 1 个主控单元，几个卫星式传感器，几个用于撞击识别、座椅占用识别的传感器以及用于激活安全气囊、安全带等保护系统的引爆执行器组成。当系统接通电源时，主控单元会分时访问网络覆盖的电控单元，并检测各电控单元的传感器和执行器是否工作正常。若某个电控单元出现故障，主控单元会切断出现故障的电控单元电源，使其退出工作并点亮故障指示灯，但其他安全电控单元依然可以正常工作。当系统接收到碰撞信号时，相关部位的卫星传感器将碰撞信息传送给主控单元，主控单元根据碰撞位置、强度发出相应的指令对气囊及其他安全装置进行引爆，以保护乘员安全。

2. 环形网络拓扑

图 2-9 为奥迪 A6、A8 轿车 MOST 总线环形网络拓扑结构。所谓环形拓扑，是指电控单

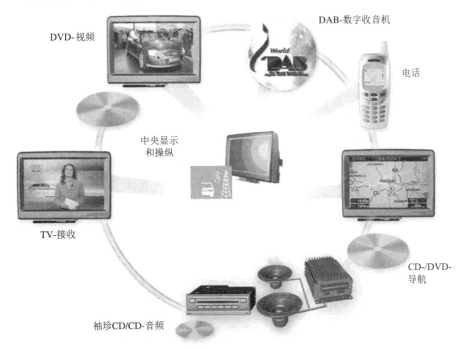

图 2-9 奥迪 A6、A8 轿车 MOST 总线环形网络拓扑结构

元通过网络部件连到 1 个环行物理链路中，其优点是信息在网络中传输实时性好、传输数据量大及抗干扰能力强，每个节点只与其他 2 个节点有物理连接；缺点是 1 个节点故障可能影响整个网络，可靠性较差，网络扩充时要重新调整整个网络的排序，在增加功能时需添加电控单元，相对比较复杂。

3. 总线型网络拓扑

图 2-10 为大众轿车总线型网络拓扑结构，所有的控制单元通过分接头接入一条载波传输线上，其特点是通信速率较高，分时访问优先权较前，网络长度和网络节点数会影响传输延时、电控单元驱动能力，所以适合传输距离较短、节点数不多的系统。汽车上的网络多采用这种结构，尤其是低端网络。

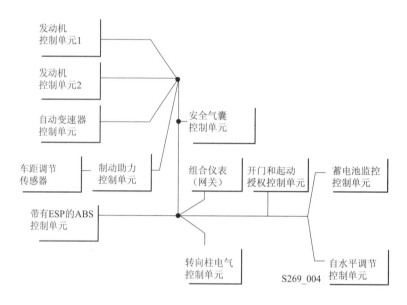

图 2-10   大众轿车总线型网络拓扑结构

2.3   汽车总线系统的类型和协议标准

2.3.1   汽车总线系统的类型

国际上众多知名汽车公司早在 20 世纪 80 年代就积极致力于汽车网络技术的研究及应用，迄今为止，已有多种网络标准，其侧重的功能有所不同。

为方便研究和设计应用，美国汽车工程师学会（Society of Automotive Engineers，SAE）按系统的复杂程度、信息量、必要的动作响应速度、可靠性要求等，将汽车数据多路传输网络划分为 A、B、C、D、E 五类。

A 类是面向传感器/执行器控制的低速网络，数据传输速率通常小于 20 kbit/s，主要用于后视镜调整、电动车窗、灯光照明等装置信号传输和控制。

B 类是面向独立模块间数据共享的中速网络，速率在 10~125 kbit/s，主要应用于车身电子舒适性模块、仪表显示等系统。

C 类是面向高速、实时闭环控制的多路传输网络，速率在 125 kbit/s~1 Mbit/s，X-By-Wire 系统传输速率可达 10 Mbit/s 以上，主要用于牵引控制、先进发动机控制、ABS 控制等系统。

D 类是网络智能数据总线（Intelligent Data Bus，IDB）协议，主要面向信息、多媒体系统等，根据 SAE 分类，IDB-C 为低速、IDB-M 为高速、IDB-Wireless 为无线通信，D 类网络协议的速率在 250 kbit/s~100 Mbit/s。

E 类网络主要面向乘员的安全系统，应用于车辆被动安全性领域。

在今天的汽车中，作为一种典型应用，车体和舒适性控制模块都连接到 CAN 总线上，并借助于 LIN 总线进行外围设备控制。而汽车高速控制系统，通常会使用高速 CAN 总线连接在一起。远程信息处理和多媒体连接需要高速互连，视频传输又需要同步数据流格式，这些都可由 DDB（Domestic Digital Bus）或 MOST（Media Oriented Systems Transport）协议来实现，无线通信则通过 Blue tooth 技术加以实现。

而在未来的 5~10 年里，TTP（Time Trigger Protocol）和 FlexRay 将使汽车发展成百分之百的电控系统，完全不需要后备机械系统的支持。但是，至今仍没有一个通信网络可以完全满足未来汽车的所有成本和性能要求。因此，汽车制造商和 OEM（Original Equipment Manufacture）商仍将继续采用多种协议（包括 LIN、CAN 和 MOST 等），以实现未来汽车上的联网。

2.3.2　A 类总线系统标准、协议

A 类的网络通信大部分采用 UART（Universal Asynchronous Reveiver Transmitter）标准。UART 使用起来既简单又经济，但随着技术的发展，预计在今后几年中将会逐步在汽车通信系统中被停止使用。Toyota 公司制定的一种通信协议 BEAN（Body Electronics Area Network），目前仍在其多种车型（Clesior、Aristo、Prius 和 Celica）中应用。

A 类目前首选的标准是 LIN。LIN 是用于汽车分布式电控系统的一种新型、低成本串行通信系统，它是一种基于 UART 的数据格式、主从结构的单线 12 V 的总线通信系统，主要用于智能传感器和执行器的串行通信，而这正是 CAN 总线的带宽和功能所不要求的部分。由于目前尚未建立低端多路通信的汽车标准，LIN 正试图发展成为低成本的串行通信的行业标准。

LIN 的标准简化了，可以进一步降低汽车电子装置的开发、生产和服务费用。LIN 采用低成本的单线连接，传输速率最高可达 20 kbit/s，对于低端的大多数应用对象来说，这个速度是可以接受的。它的媒体访问采用单主/多从的机制，不需要进行仲裁，在从节点中不需要晶体振荡器而能进行自同步，这极大地减少了硬件平台的成本。

在表 2-2 中，给出了 LIN 总线以及下列其他各类典型汽车总线标准、协议特性和参数。

表 2-2　各类典型汽车总线标准、协议特性和参数

类别	A 类	B 类	C 类	诊断	多媒体	X-by-Wire	安全
名称	LIN	ISO 11519-2	ISO 11898 (SAE J1939)	ISO 15765	D2B（MOST）	FlexRay	Safety Bus
所属机构	Motorola	ISO/SAE	ISO/TMC-ATA	ISO	Philips	BMW&DC	Delphi
用途	智能传感器	控制、诊断	控制、诊断	诊断	数据流控制	电传控制	安全气囊
介质	单根线	双绞线	双绞线	双绞线	光纤	双线	双线
位编码	NRZ	NRZ-5	NRZ-5	NRZ	Biphase	NRZ	RTZ
媒体访问	主/从	竞争	竞争	TESTER/SLAVE	TOKEN RING	FTDMA	主/从
错误检测	8 位 CS	CRC	CRC	CRC	CRC	CRC	CRC
数据长度	8 字节	0~8 字节	8 字节	0~8 字节		12 字节	24~39 字节
位速率	20 kbit/s	10 ~ 1 250 kbit/s	1 Mbit/s（250 kbit/s）	250 kbit/s	12 Mbit/s（25 Mbit/s）	5 Mbit/s	500 kbit/s
总线最大长度/m	40	40（典型）	40	40	无限制	无限制	未定
最大节点数	16	32	30（STP）10（UTP）	32	24	64	64
成本	低	中	中	中	高	中	中

2.3.3　B 类总线系统标准、协议

B 类中的国际标准是 CAN 总线。CAN 总线是德国 Bosch 公司在 20 世纪 80 年代初，为解决现代汽车中众多的控制与测试仪器之间的数据交换而开发的一种串行数据通信协议。它是一种多主总线，通信介质可以是双绞线、同轴电缆或光导纤维，通信速率可达 1 Mbit/s。CAN 总线通信接口中集成了 CAN 协议的物理层和数据链路层功能，可完成对通信数据的成帧处理，包括位填充、数据块编码、循环冗余检验、优先级判别等项工作。CAN 协议的一个最大特点是废除了传统的站地址编码，而代之以对通信数据块进行编码，最多可标识 2 048（2.0 A）个或 5 亿（2.0 B）多个数据块。采用这种方法的优点是，可使网络内的节点个数在理论上受到限制。数据段长度最多为 8 个字节，占用总线时间不会过长，从而保证了通信的实时性。CAN 协议采用 CRC 检验并可提供相应的错误处理功能，保证了数据通信的可靠性。

B 类标准采用的是 ISO 11898，传输速率在 100 kbit/s 左右。对于欧洲的各大汽车公司，从 1992 年起一直采用 ISO 11898，所使用的传输速率范围从 47.6~500 kbit/s 不等。

近年来，基于 ISO 11519 容错的 CAN 总线标准在欧洲各种车型中开始得到广泛的使用，

ISO 11519-2 的容错低速双线 CAN 总线接口标准在轿车中也得到普遍的应用，它的物理层比 ISO 11898 要慢一些，同时成本也高一些，但是它的故障检测能力却非常突出。与此同时，以往广泛适用于美国车型的 J1850 正逐步被基于 CAN 总线的标准和协议所取代。

2.3.4　C 类总线系统标准、协议

高速总线系统主要用于和汽车安全相关的实时性要求比较高的汽车系统上，如动力系统等，所以其传输速率比较高。根据传统的 SAE 的分类，该部分属于 C 类总线标准，其传输速率通常在 125 kbit/s~1 Mbit/s，必须支持实时的、周期性的参数传输。目前，随着汽车网络技术的发展，未来将会使用到具有高速、实时传输特性的一些总线标准和协议，包括采用时间触发通信的 X-by-Wire 系统总线标准和用于安全气囊控制和通信的总线标准、协议。

在 C 类标准中，欧洲的汽车制造商基本上采用的都是高速通信的 CAN 总线标准 ISO 11898。而 J1939 是货车及其拖车、大客车、建筑设备以及农业设备使用的标准，是用来支持分布在车辆各个不同位置的电控单元之间实现实时闭环控制功能的高速通信标准，其数据传输速率为 250 kbit/s。GM 公司已开始在所有的车型上使用其专属的所谓 GM LAN 总线标准，它是一种基于 CAN 的传输速率在 500 kbit/s 的通信标准。

ISO 11898 针对汽车（轿车）电控单元（ECU）之间，通信传输速率大于 125 kbit/s，最高 1 Mbit/s 时，使用控制器局域网络构建数字信息交换的相关特性进行了详细的规定。

1. 安全总线和标准

安全总线主要是用于安全气囊系统，以连接减速度传感器（碰撞传感器）、安全传感器等装置，为被动安全提供保障。目前，已有一些公司研制出了相关的总线和协议，包括 Delphi 公司的 Safety Bus 和 BMW 公司的 Byteflight 等。

Byteflight 主要以 BMW 公司为中心制订，数据传输速率为 10 Mbit/s，光纤可长达 43 m。Byteflight 不仅可以用于安全气囊系统的网络通信，还可用于 X-by-Wire 系统的通信和控制。

BMW 公司在 2001 年 9 月推出的新款 BMW 7 系列车型中，采用了一套名为 ISIS（Intelligent Safety Integrated System）的安全气囊控制系统，它是由 14 个传感器构成的网络，利用 Byteflight 来连接和收集前座保护气囊、后座保护气囊以及膝部保护气囊等安全装置的信号。在紧急情况下，中央电控单元能够更快、更准确地决定不同位置的安全气囊的展开范围与时机，发挥最佳的保护效果。

2. X-by-Wire 总线标准、协议

X-by-Wire 最初是用在飞机控制系统中，称为线传控制系统，现在已经在飞机控制中得到广泛应用。日本阿尔卑斯电气公司开发成功了一种可设置多种操作的"触感（Haptic）技术"的线传控制（X-by-Wire）系统，驾驶部分的触感来自方向盘、变速杆和制动踏板，可以通过电子仪器让驾驶者感觉路面的情况。例如，在凹凸不平的道路上行驶时，手柄传递凹凸感；在坡道上行驶时，通过增减制动踏板阻力传递坡道的坡度。对于实际车辆，设想通过采用触感技术的方向盘、变速杆和制动踏板等，向驾驶员传递符合道路和操作状况的驾驶感觉，或在危险情况下发出警告。

为了提供这些系统之间的安全通信，就需要一个高速、容错和时间触发的通信协议。目前，这一类总线标准主要有 TTP、Byteflight 和 FlexRay。

TTP（时间触发协议）是一种汽车自动驾驶应用系统，由维也纳理工大学的 H. Kopetz 教授开发，是欧洲委员会资助的项目。TTP 创立了大量汽车 X-by-Wire 控制系统，如驾驶控制和制动控制。TTP 是一个应用于分布式实时控制系统的完整的通信协议，它能够支持多种容错策略，提供了容错的时间同步以及广泛的错误检测机制，同时还提供了节点的恢复和再整合功能，其采用光纤传输速度将达到 25 Mbit/s。

BMW 公司的 Byteflight 可用于 X-by-Wire 系统的网络通信。Byteflight 的特点是既能满足某些高优先级消息需要时间触发，以保证确定延迟的要求，又能满足某些消息需要事件触发需要中断处理的要求。但其他汽车制造商目前并无意使用 Byteflight，而计划采用另一种规格——FlexRay。这是一种新的、特别适合下一代汽车应用的网络通信系统，它采用 FTDMA（Flexible Time Division Multiple Access）的确定性访问方式，具有容错功能和确定的消息传输时间，能够满足汽车控制系统的高速率通信要求。BMW、Daimler-Chrysler、Motorola 和 Philips 联合开发和建立了这个 FlexRay 标准，GM 公司也加入了 FlexRay 联盟，成为其核心成员，共同致力于开发汽车分布式控制系统中高速总线系统的标准。该标准不仅提高了一致性、可靠性、竞争力和效率，还简化了开发和使用，并降低了成本。

3. 诊断系统总线标准、协议

故障诊断是现代汽车必不可少的一项功能，主要是为了满足 OBD-Ⅱ（ON Board Diagnose）、OBD-Ⅲ或 E-OBD（European-On Board Diagnose）标准。目前，许多汽车生产厂商都采用 ISO 14230（Keyword Protocol 2000）作为诊断系统的通信标准，它满足 OBD-Ⅱ和 OBD-Ⅲ的要求。在欧洲，以往诊断系统中使用的是 ISO 9141，它是一种基于 UART 的诊断标准，满足 OBD-Ⅱ的要求。

美国的 GM、Ford、DC 公司广泛使用 J1850（不含诊断协议）作为满足 OBD-Ⅱ的诊断系统的通信标准，但随着 CAN 总线的广泛应用，美国三大汽车公司对乘用车采用了 CAN 的 J2480 诊断系统通信标准，它满足 OBD-Ⅲ的通信要求。从 2000 年开始，欧洲汽车厂商已经开始使用一种基于 CAN 总线的诊断系统通信标准 ISO 315765，它满足 E-OBD 的系统要求。

目前，汽车的故障诊断主要是通过一种专用的诊断通信系统来形成一套较为独立的诊断网络，包括 ISO 9141、ISO 14230、ISO 15765 等，这些标准是较为成熟的诊断标准，特别适用 CAN 总线诊断系统，适应了现代汽车网络总线系统的发展趋势。

ISO 15765 的网络服务符合基于 CAN 的车用网络系统的要求，是遵照 ISO 14230-3 及 ISO 15031-5 中有关诊断服务的内容来制定的，因此，ISO 15765 对于 ISO 14230 应用层的服务和参数完全兼容，但并不限于只用在这些国际标准所规定的场合，因而有广泛的应用前景。

2.3.5 D 类总线系统标准、协议

汽车多媒体网络和协议属于 D 类总线系统，分为三种类型，分别是低速、高速和无线，对应 SAE 的分类相应为：IDB-C（Intelligent Data Bus-CAN）、IDB-M（Multimedia）和 IDB-Wireless，其传输速率 250 kbit/s～100 Mbit/s。

低速用于远程通信、诊断及通用信息传送，IDB-C 按 CAN 总线的格式以 250 kbit/s 的位速率进行消息传送。由于其低成本的特性，IDB-C 有望成为汽车类产品的标准之一，并已经在 OEM 方式的车辆中推行。GM 公司等美国汽车制造商计划使用 POF（Plastic Optical

Fiber）在车中安装以 IEEE 1394 为基础的 IDB-1394，Toyota 等日本汽车制造商也将跟进采用 POF。由于消费者手中已经有许多 IEEE 1394 标准下的设备，并与 IDB-1394 相兼容，因此，IDB-1394 将随着 IDB 产品进入车辆的同时而成为普遍的标准。

高速主要用于实时的音频和视频通信，如 MP3、DVD 和 CD 等的播放，所使用的传输介质是光纤，这一类里主要有 D2B、MOST 和 IEEE 1394。

D2B 是用于汽车多媒体和通信的分布式网络，通常使用光纤作为传输介质，可连接 CD 播放器、语音电控单元、电话和互联网。D2B 技术已使用于 Mercedes 公司 1999 年款的 S-Class 车型。Daimler-Chrysler 等公司与 BWM 公司一样使用 MOST，作为车辆内 LAN 的接口规格，用于连接车载导航器和无线设备等，数据传输速率为 24 Mbit/s，其规格主要由德国 Oasis Silicon System 公司制订。

在无线通信方面，采用 Blue tooth 规范，它主要是面向下一代汽车的应用，如声音系统、信息通信等。目前，已经有一些公司研制出了基于 Blue tooth 技术的处理器，如美国德州仪器公司（TI）不久前宣布推出一款新型基于 ROM 的蓝牙基带处理器，可用于通信及娱乐或 PC 外设等方面。

2.4　CAN 总线系统结构及传输原理

CAN 是 Controller Area Network（控制器局域网络）的缩写，含义是电控单元通过网络进行数据交换，CAN 数据总线传输可比作公共汽车，如图 2-11 所示，可以同时运输大量乘客，CAN 数据总线包含大量的数据信息。在汽车领域，几乎所有欧洲新型汽车都使用了 CAN 网络。

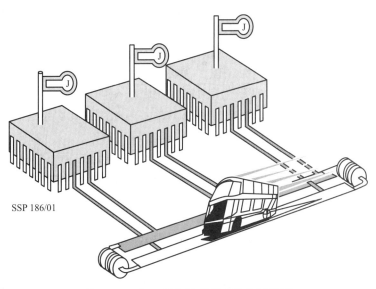

SSP 186/01

图 2-11　CAN 数据总线数据传输示意图

2.4.1　CAN 数据总线系统的结构

CAN 数据总线包括控制单元（CPU）、控制器（Controller）、收发器（Tranceiver）、数据传输终端电阻，如图 2-12 所示。

（微课：CAN 总线系统结构）

1. 控制单元

控制单元是 CAN 数据总线主要计算器，将控制器传递来的信息进行运算，将运算数据传输给控制器。还具有故障记忆功能。

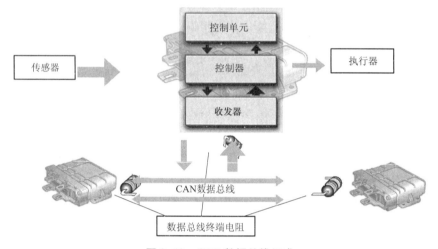

图 2-12　CAN 数据总线组成

2. 控制器

控制器是 CAN 通信的控制单元，主要作用是接收来自传感器的信号，形成要发送的指令，或将总线通过接收器传递信号进行转换传递给控制单元（CPU），再将控制单元传来信号形成发送指令通过发送器传递总线。或直接驱动执行元件。图 2-13 为总线控制系统内部原理图。控制单元接收到的传感器值（如发动机温度或转速）会被定期查询并按顺序存入存储器，这个过程在原理上就相当于一个带有旋转式输入选择开关的选择器。存储器内的传感器数据会被 CPU 运算处理，然后存入输出存储器执行控制功能。

由于控制单元通过 CAN 控制器实现了网络传输，因此，CAN 网络也成了控制单元的输入信息来源。同时，CAN 网络也成了控制单元的信息输出对象。

微控制器按事先规定好的程序来处理输入值，处理后的结果存入相应的输出存储器内，然后到达各个执行元件。为了能够处理数据传输总线信息，各控制单元内还有一个数据传输总线存储区，用于容纳接收到的和要发送的信息。

数据传输总线构件通过接收邮箱（接收信息存储器）或发送邮箱（发送信息存储器）与控制单元相连，该构件一般集成在控制单元的微控制器芯片内。

3. 收发器

CAN 收发器由 CAN 发送器（Transmitter）和接收器（Receiver）组成，其作用是将 CAN 控制器提供的数据转换成 CAN 总线网络信号发送出去，同时，它也接收总线数据，并将数据传送到 CAN 控制器。其中发送器把数据传输总线构件连续的比特流（逻辑电平）转换成

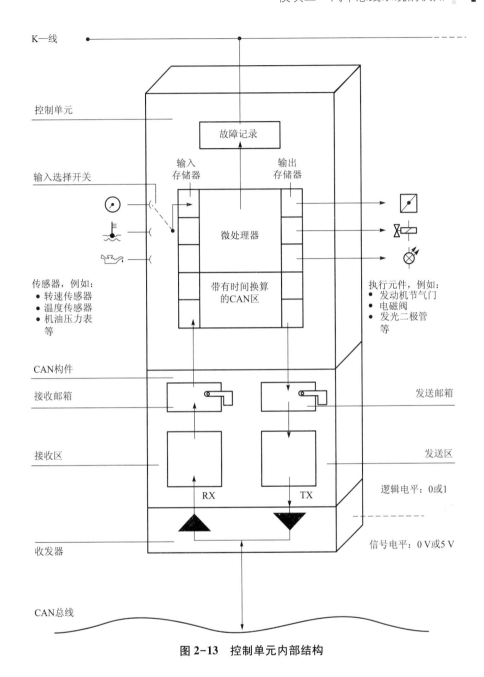

图 2-13　控制单元内部结构

电压值（线路传输电平），这个电压值适合铜导线上的数据传输。接收器则把电压信号转换成连接的比特流，这种比特流适合 CPU 处理。

　　收发器通过 TX 线（发送导线）或 RX 线（接收导线）与数据传输总线构件相连，如图 2-14 所示，RX 线通过一个放大器直接与数据传输总线相连，始终监控总线信号。

　　发送器的特点是 TX 线与总线的耦合，如图 2-15 所示，这个耦合过程是通过一个断路式集流器电路来实现的。因此，总线导线上就会出现两种状态：

　　状态 1：截止状态，晶体管截止（开关打开）

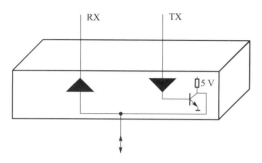

图 2-14　收发器与 TX 线的连接

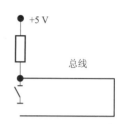

图 2-15　总线开关状态示意图

无源：总线电平=1，电阻高

状态 0：接通状态，晶体管导通（开关接通）

有源：总线电平=0，电阻低

如图 2-16 所示，假设有三个控制器收发器耦合在一根总线导线上，开关未闭合表示 1（无源）；开关已闭合表示 0（有源）。即收发器 C 有源，收发器 A 和 B 无源。工作过程如下：

① 如果某一开关已闭合，电阻上就有电流流过，于是总线导线上的电压就为 0 V。

② 如果所有开关均未闭合，那么就没有电流流过，电阻上就没有压降，于是总线导线上的电压就为 5 V。

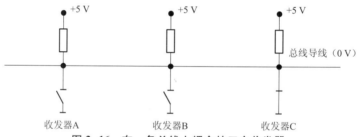

图 2-16　在一条总线上耦合的三个收发器

按照图 2-16 所示进行连接，三个控制器连接在 CAN 总线上的工作状态，如表 2-3 所示。

表 2-3　控制器和总线状态对应关系表

控制器 A	控制器 B	控制器 C	总线状态
1	1	1	1（5 V）
1	1	0	0（0 V）
1	0	1	0（0 V）
1	0	0	0（0 V）
0	1	1	0（0 V）
0	1	0	0（0 V）
0	0	1	0（0 V）
0	0	0	0（0 V）

　　总线系统中信号采用二进制传输，因此，如果总线处于状态 1（无源），则此状态可以由某一个控制单元使用状态 0（有源）来改写。无源的总线电平称为隐性的，有源的总线电平称为显性的。实现逻辑运算的模型如图 2-17 和图 2-18 所示。

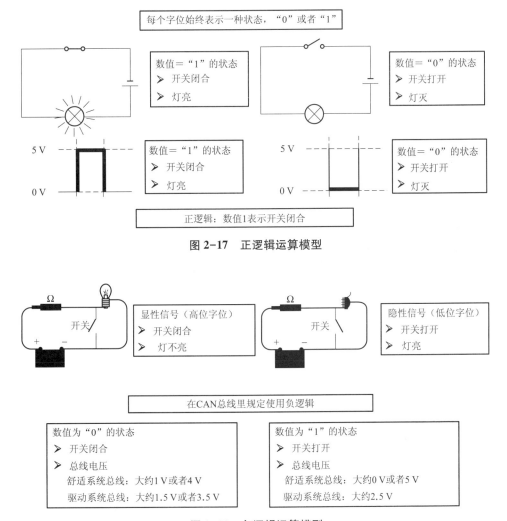

图 2-17　正逻辑运算模型

图 2-18　负逻辑运算模型

　　总线系统采用二进制传输，负逻辑运算。

4. 数据传输终端

数据传输终端一般由终端电阻组成，防止信号反射。

2.4.2　数据传输形式和数据传输原理

1. 数据传输形式

　　目前，在汽车上应用的总线数据传输可以采用单线形式，也可以采用双线形式。原则上数据传输总线用一条导线就足以满足功能要求了，使用第二条导线传输信号只不过是与第一条导线上的传输信号形成镜像关系，

（微课：数据传输形式）

这样可有效地抑制外部干扰。电控单元之间的所有信息都是通过两根数据线 CAN-L 和 CAN-H 来传输的，例如发动机和自动变速器控制单元之间的传输，如图 2-19 所示。电控单元间进行大量的信息交换，CAN 数据总线也能完全胜任，如果需要增加额外信息，只需修改软件即可。

发动机控制单元 J220

发动机转速
燃油消耗率
节气门位置
变速箱干预信号
升挡/减挡信息

自动变速器控制单元J217

图 2-19 数据传输形式

2. 数据传输原理

CAN 数据总线中的数据传递就像一个电话会议，如图 2-20 所示。一个电话用户（电控单元）将数据"讲入"网络中，其他用户通过网络"接听"这个数据，对这个数据感兴趣的用户就会利用数据，而其他用户则选择忽略。

（微课：数据
传输原理）

3. CAN 数据总线传递数据的格式

CAN 数据总线传递的数据由多位构成。在数据中，位数的多少由数据域的大小决定。CAN 数据总线在极短的时间里在各控制单元间传递的数据，如图 2-21 所示，可将其分为开始域、状态域、检查域、数据域、安全域、确认域和结束域 7 个部分，该数据构成形式在两条数据传输线上是一样的。

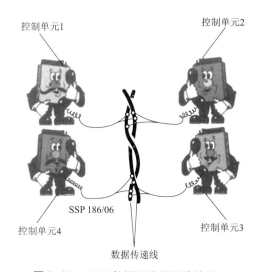

控制单元1　控制单元2

SSP 186/06

控制单元4　控制单元3

数据传递线

图 2-20 CAN 数据总线数据传输原理

① 开始域。标志着数据列的开始，由 1 位构成。带有大约 5 V 电压（由系统决定）的 1 位被送入高位 CAN 线；带有大约 0 V 电压的 1 位被送入低位 CAN 线。

② 状态域。判定数据中的优先权，由 11 位构成。如果两个控制单元都要发送各自的数据，那么，具有较高优先权的控制单元优先发送。

③ 检查域。用于显示在数据域中所包含的信息项目数，由 6 位构成。在本部分，允许任何接收器检查是否已经接收到所传递过来的所有信息。

④ 数据域。传给其他控制单元的信息，最大由 64 位构成。

⑤ 安全域。检测传递数据中的错误，由 16 位构成。

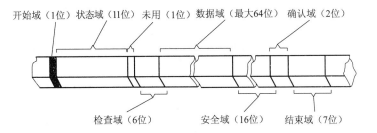

开始域（1位）状态域（11位）未用（1位）数据域（最大64位）确认域（2位）

检查域（6位）　　安全域（16位）　结束域（7位）

图 2-21　CAN 数据总线传递数据的格式

⑥ 确认域。确认域由 2 位构成。在此，CAN 接收器信号通知 CAN 发送器，确认 CAN 接收器已经收到传输数据。若检查到错误，CAN 接收器立即通知 CAN 发送器，CAN 发送器再重新发送一次数据。

⑦ 结束域。结束域由 7 位构成，标志数据列的结束。此部分是显示错误并重复发送数据的最后一次机会。

4. 传递的信息

用于交换的数据称为信息，每个控制单元均可发送和接收信息。信息是以二进制值系列（0 和 1）来表示，其中包含着要传递的物理量，例如，发动机转速为 1 800 r/min 可表示成 0001 0101，如图 2-22 所示，二进制数据流也称为比特流。

在发送过程中，二进制值先被转换成连续的比特流，该比特流通过 TX 线（发送线）到达收发器（放大器），收发器将比特流转化成相应的电压值，最后这些电压值按时间顺序依次被传送到数据传输总线的导线上。

在接收过程中，这些电压值经收发器又转换成比特流，再经 RX 线（接收线）传至控制单元，控制单元将这些二进制连续值转换成信息。例如，0001 0101 这个值又被转换成 1 800 r/min。

每个控制单元均可接收发送出的信息。人们也把该原理称为广播，就像一个广播电台发送某个节目一样，每个连接的用户均可接收，但收或不收由接收用户决定。这种广播方式可以使得连接的所有控制单元总是处于相同的信息状态，如图 2-23 所示和图 2-24 所示。

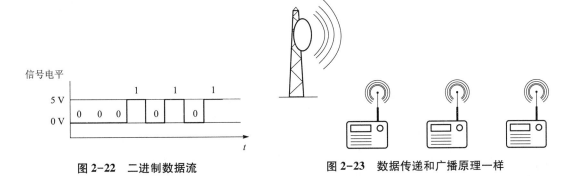

信号电平

图 2-22　二进制数据流　　　　　　　**图 2-23　数据传递和广播原理一样**

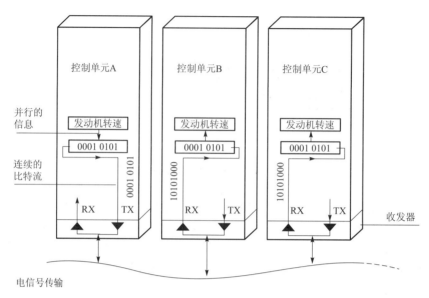

图 2-24　控制单元内部信息转换

2.4.3　CAN 数据总线的数据传递过程

CAN 数据总线并没有指定的数据接收者，数据在 CAN 数据总线传输过程中，可以被所有控制单元接收和计算。CAN 数据总线的数据传递过程如图 2-25 所示。

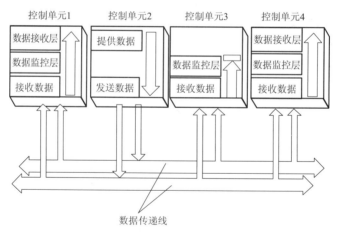

图 2-25　CAN 数据总线的数据传递过程

1. 提供数据

电控单元的微处理器向 CAN 控制器提供需要发送的数据。

2. 发送数据

CAN 收发器接收由 CAN 控制器传来的数据，转为 CAN 网络电信号并发送到 CAN 数据总线上。例如，发动机控制单元的发送过程，如图 2-26 所示。

① 传感器接收到转速值，该值以固定的周期到达微控制器的输入存储器内。由于该转

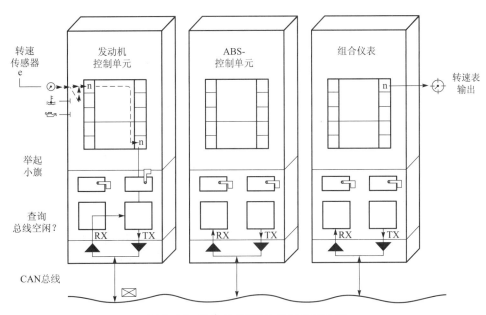

图 2-26 发动机 ECU 的信息发送过程

速值还用于其他控制单元，如组合仪表，所以该值应通过数据传输总线来传递。

② 该转速值被复制到发动机控制单元的发送存储器内。

③ 该信息从发送存储器进入数据传输总线构件的发送邮箱内。如果发送邮箱内有一个实时值，那么该值会由发送特征位（举起的小旗示意有传输任务）显示出来，将发送任务委托给数据传输总线构件，发动机控制单元就完成了此过程中的任务。

④ 发动机转速值按协议被转换成如图 2-21 所示数据传输总线的特殊格式。

⑤ 数据传输总线构件通过 RX 线来检查总线是否有源（是否正在交换别的信息），必要时会等待，直到总线空闲下来为止，如图 2-27 所示。如果总线空闲下来，发动机信息就会被发送出去。

3. 接收数据

所有与 CAN 数据总线一起构成网络的电控单元转为接收器，从 CAN 数据总线上接收数据。

信息接收过程分为两步，如图 2-28 所示。

第一步：检查信息是否正确（在监控层）。

第二步：检查信息是否可用（在接收层）。

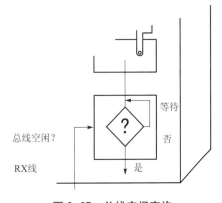

图 2-27 总线空闲查询

（1）信息接收

连接的所有装置都接收发动机控制单元发送的信息，该信息是通过 RX 线到达数据传输总线构件各自的接收区。

（2）信息校验

接收器接收发动机的所有信息，并且在相应的监控层检查这些信息是否正确。这样就可以识别出在某种情况下某一控制单元上出现的局部故障。所有连接的装置都接收发动机控制

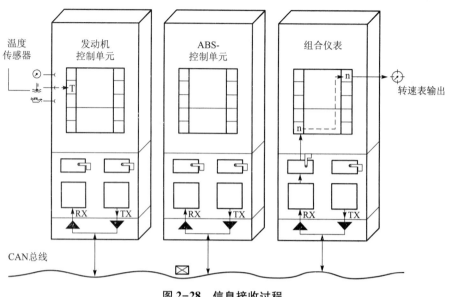

图2-28 信息接收过程

单元发送的信息，可以通过监控层内的 CRC（Cycling Redundancy Check，循环冗余码校验）校验和数来确定是否有传递错误。在发送每个信息时，所有数据位会产生并传递一个 16 位的校验码。接收器按同样的规则，从所有已经接收到的数据位中计算出校验和数。随后，接收到的校验数与计算出的校验数进行比较，如果确定无传递错误，那么连接的所有装置会给发送器一个确认回答，这个回答就是所谓的"信息收到符号"（Acknowledge，ACK），它位于校验和数后。

（3）信息接收

已接收到的正确信息会到达相关数据传输总线构件的接收区，在那里来决定该信息是否用于完成各控制单元的功能。如果不是，该信息就被拒收。如果是，该信息就会进入相应的接收邮箱。控制单元根据接收信号（升起的"接收小旗"）就会知道：现在有一个信息（如转速）在排队等待处理，如图 2-29 所示。

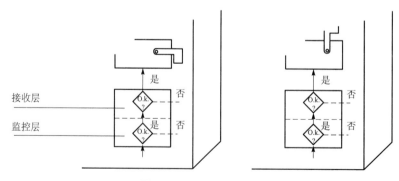

图 2-29 信息接收判断

组合仪表调出该信息并将相应的值复制到它的输入存储器内，至此，通过数据传输总线构件发送和接收信息的过程结束。在组合仪表内，转速经微控制器处理后控制转速表显示相应的转速。

2.4.4 CAN 总线的传输仲裁

（微课：CAN 总线的传输仲裁）

如果多个电控单元要同时发送各自的数据列，那么数据总线上就必然会发生数据冲突。为了避免发生这种情况，CAN 数据总线系统就必须决定哪个控制单元的数据列首先进行发送，总线采用传输仲裁，原则是具有最高优先权的数据首先发送。控制单元是如何实现仲裁的呢？

① 每个控制单元在发送信息时，通过发送标识符来识别优先级。

② 所有的控制单元都是通过各自的 RX 线来跟踪总线上的一举一动并获知总线的状态。

③ 每个发射器将 TX 线和 RX 线的状态逐位进行比较。

④ 数据传输总线的调整规则：用标识符中位于前部的"0"的个数代表信息的重要程度，"0"的位数越多越优先，从而保证按重要程度的顺序来发送信息。越早出现"1"的控制单元，越早退出发送状态而转为接收状态。基于安全考虑，涉及安全系统的数据优先发送。

例如，由 ABS/EDL 电控单元提供的数据比自动变速器控制单元提供的数据（驾驶舒适）更重要，因此具有优先权。数据列的状态域是由 11 位组成的编码，其数据的组合形式决定了数据的优先权，如图 2-30 所示。3 个控制单元同时发送数据列，此时，在 CAN 数据传输线上进行一位一位的比较，如果 1 个控制单元发送了 1 个低电位而检测到 1 个高电位，那么该控制单元就停止发送数据列而转为接收器。

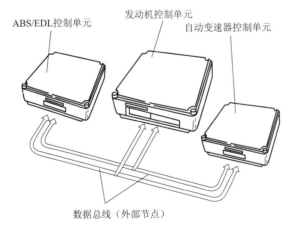

ABS/EDL控制单元　　发动机控制单元　　自动变速器控制单元

数据总线（外部节点）

图 2-30　优先权判定 CAN 数据总线举例

表 2-4 给出了 3 组不同数据列的优先权。例如，如图 2-31 所示，在数据列的状态域位 1，ABS/EDL 控制单元发送了 1 个高电位，发动机控制单元也发送了 1 个高电位，自动变速器控制单元发送了 1 个低电位而检测到 1 个高电位，那么自动变速器控制单元将失去优先权而转为接收器。在数据列的状态域位 2，ABS/EDL 控制单元发送了 1 个高电位，发动机控制单元发送了 1 个低电位并检测到 1 个高电位，那么，发动机控制单元失去优先权而转为接收

器。在数据列的状态域位 3，ABS/EDL 控制单元拥有最高优先权并接收分配的数据，该优先权保证其持续发送数据直至发送终了，ABS/EDL 控制单元结束发送数据后，其他控制单元再发送各自的数据。

表 2-4 不同数据列的优先权

优先权	数据报告	状态域形式
1	Brake1（制动 1）	001 1010 0000
2	Engine1（发动机 1）	010 1000 0000
3	Gearbox1（变速器 1）	100 0100 0000

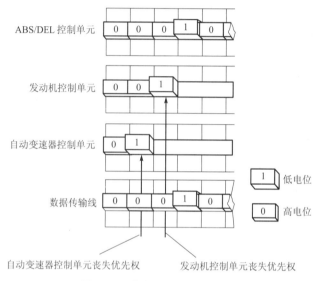

图 2-31 数据列优先权的判定

2.5 光纤网络传输

2.5.1 光纤网络的类型及工作原理

在数据通信技术中，光纤网络近年来在高档轿车中已经成为被使用较多的一种新型网络。光学网络系统目前的成本已与电路系统不相上下，且今后还有望变得更低，加之它的传输速率高、传输数据量大、信号衰减小、不易受外界干扰、耐腐蚀及灵敏度高等优点，因此光学网络系统是车载网络系统的发展方向，也是汽车线束的发展方向。

1. 光学网络的类型

光学网络可分无源光学网络和有源光学网络两类。无源光学网络是由光纤和光电耦合器构成的；有源光学网络除了光纤和光电耦合器以外，还增加了光中继器和光放大器以增强光信号，这种情况在有些光路损耗较大的应用场合是必要的。汽车使用的主要是无源光学网络，它不能放大或产生能量。

光学网络中光纤传输信息的方法有时分复用（TDM）、波分复用（WDM）和频分复用（FDM）三种。传输信息用的光纤有塑料和玻璃纤维两种，塑料光纤较为便宜和便于应用，在汽车中应用较广泛。

2. 无源光学星形网络的基本组成及工作原理

汽车无源光学星形网络主要由光源、光发送器（光电二极管 LED）、在节点上的光接收器和光纤四部分组成。

（1）光电耦合器的类型、结构及工作原理

光源和光接收机合在一起也称光电耦合器。光电耦合器是以光为媒介传输电信号的电子元件，它既可以实现元件的输入端和输出端之间的电信号传输，又能将输入端与输出端隔离。其主要用途是在信号传输中起到隔离作用，在光网络中起到信号转换作用。

光电耦合器的种类很多，按其结构不同，可分为光敏电阻型、达林顿型、光电二极管型及光电三极管型等；按其输出特性不同，可分为开关输出型、线性输出型、高速输出型及组合封装型等。最常用是光电二极管型及光电三极管型，光电耦合器在电路图中的图形符号如图 2-32 所示。

光电耦合器内部的主要结构是由一只发光二极管（光源）和一只光敏器件（光接收器）组成，其工作原理如图 2-33 所示（以常见的光电三极管型为例）。在输入端上加上电压 U 时，电流 I_1 流过发光二极管，发光二极管发光。光电三极管在接收到光后饱和，产生光电流 I_2，从而实现了电信号的传输。在高档轿车的光学网络中，发光二极管与光电三极管不在同一模块里，中间的光传播媒介是光纤，如图 2-34 所示。

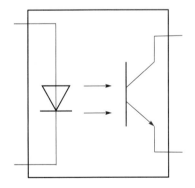

图 2-32　光电耦合器在电路图中的图形符号

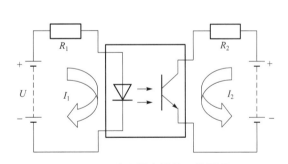

图 2-33　光电耦合器的工作原理

（2）光源

目前，在汽车光学网络系统中普遍采用的光源为发光二极管及小功率半导体激光器。发光二极管有两种：面发射型发光二极管和边发射型发光二极管。

由于面发射型二极管的发射角度很大，很难把它射出的光汇聚到接收光纤内，所以不适用于对相关性有较高要求的光学网络系统，它经常被用作指示灯和指示设备。相对而言，边发射型二极管的发射角狭窄，发射区域较小，这就意味着它射出的光可以更多地被汇聚在光纤中，它的发射速度也更快。但它的缺点是对温度比较敏感，因此必须被安装在环境可控的设备中，从而保证发射信号的稳定性。半导体激光器可以替代发光二极管，因为它有很小的发光面，一般直径不超过几微米，这就意味着大量的发射光可以被直接传送到光纤中，如图 2-35 所示，面发射型发光二极管发射模式最宽，然后是边发射型发光二极管，半导体激光器的发射模式最窄。

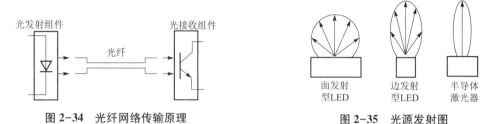

图 2-34　光纤网络传输原理　　　　图 2-35　光源发射图

（3）光接收器

在光网络中，接收设备的任务是获得传输光信号，然后把它转化为可以被终端设备处理的电信号和用来重建原始传输解调信号。光接收器一般采用的是半导体型，如图 2-36 所示。典型的光敏半导体是以硅为基底并由 3 个功能层组成的，即负区、正区和结区。光接收器是反向偏压的，这是因为外加电阻阻止了负电荷（电子）和正电荷（空穴）向中心结区迁移，也阻止了电流从半导体中的一个有源层流向另一个有源层，如图 2-36（a）所示。当特定波长的光照射到对光敏感的结区上时，如图 2-36（b）所示，情况就会发生改变，此时将在结区产生电子空穴对，从而产生了与光照射到结区的光强成正比的电流。

光接收器的种类很多，但在现代汽车光学网络中通常使用的光接收器主要有两种：普通光电二极管型和雪崩光电二极管型。

如图 2-37 所示，普通光电二极管包含一个 PN 过渡层，它能被光线射透，隔离层位于被强烈掺质的 P 层下并几乎融入 N 层中。在 P 层上有一个接触环（阳极），N 层安置在金属底板上（阴极）。光线或红外线渗入 PN 结过渡层中，通过它的能量形成空闲电子和小孔，它们通过 PN 过渡层形成电流，照射到光电二极管的光线越多，经过光电二极管的电流越强。光电二极管将在反方向有序地依靠电阻进行切换。由于高光线照射流经光电二极管的电流升高，电阻的压降增大，这样光线信号转化为电压信号。结区的反向偏压阻止了电流通过器件，只有当特定波长的光照射到介质上时，才产生电子空穴对，才允许与入射光强成正比的电流通过 PN 结过渡层的截面。从光电探测角度讲，普通光电二极管并不是最敏感的，但对大多数光系统的要求来讲已经足够了。对于那些高性能系统，当它们灵敏度不够时，可以通过加上一个预放大器来提高灵敏度。雪崩光电二极管的工作原理类似于光信号放大器，它是利用强电场来进行雪崩放大。在雪崩光电二极管中，强电场使电流加速，从而使半导体中的原子被激活，产生了如同雪崩效果的电流，放大后的光的强度可能为原来信号的 30~100 倍。但同时也带来了一些不利的影响，因为这种雪崩效应并非是完全线性的，而且还会产生噪声。雪崩光电二极管对温度较为敏感，因此需要一个很高的电压（30~300 V）来使其工作，电压的大小与元器件的功率有关。

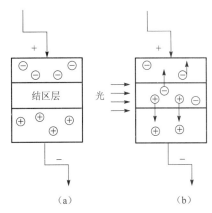

图 2-36　半导体接收器原理示意图

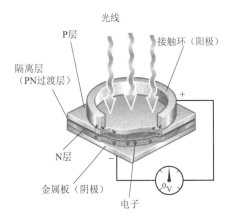

图 2-37　光电二极管的结构和工作原理

2.5.2　光纤的结构及光波的传输

光纤的任务是将在控制单元发射机内生成的光波导向其他的控制单元的接收器，如图 2-38 所示。光纤的结构，如图 2-39 所示。内芯线是光纤的中心部分，它由聚甲基丙烯酸甲酯组成，并且是真正的光导体。由于全反射原理，当光穿过它时，几乎没有任何损耗。全反射需要在内芯线外面使用光学上透明的含氟聚合物的覆盖层，黑色聚酰胺覆盖层保护内芯线，阻止外部入射光的射入。彩色覆盖层用于进行识别，防止发生机械损伤并起着热保护的作用。

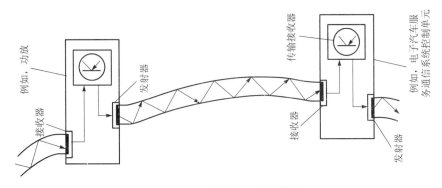

图 2-38　光纤内部光波的传递

1. 光纤中光波的传输

① 笔直的光纤。光纤以直线方式在内芯线中传导部分光波，如图 2-40 所示。大多数光波被以 Z 形传送，其结果在内芯线的表面产生了全反射。

② 弯曲的光纤。发生在内芯线覆盖层边缘的全反射使得光波被反射，从而被传导通过弯曲处，如图 2-41 所示。

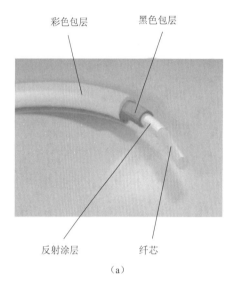

彩色包层　黑色包层

反射涂层　纤芯

（a）

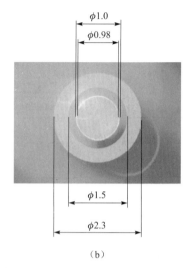

（b）

图 2-39　光纤的结构

（a）结构；（b）剖视图

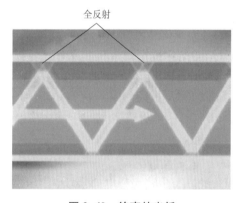

全反射

图 2-40　笔直的光纤

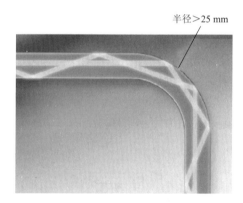

半径>25 mm

图 2-41　弯曲的光纤

③ 全反射。如果一束光线以较小的角度撞击在折射率分别较高和较低材料之间的边界层上，光束就会被完全地反射。在一根光纤中，内芯线的折射率比它的覆盖层高，因此内芯线的内部会发生全反射。这一作用取决于从内部撞击边界的光波的角度。如果这个角度太大，光波就离开内芯线并产生很高的损耗。如果光纤被过度弯曲或扭绞，就会发生这种情况，如图 2-42 所示，故光纤的弯曲半径绝不能小于 25 mm。

2. 光学端面

为了最大限度地减小传送损失，光纤的端面必须光滑、垂直和清洁。只有使用专用的切割工具才能达到上述要求。切割面上的污垢和刮痕会产生很高的损耗（衰减）。光学端面通过内芯线的端面，光被传送到控制单元中的发射器/接收器。在生产过程中，光纤上被安装了激光焊接的塑料套圈或压接式的黄铜套圈，因此它能够被固定在插头外壳中的正确位置。

3. 光纤总线中的衰减

光纤状态的评定包括测量它的衰减度。传送过程中发生的光波的功率下降被称为衰减，如图 2-43 所示。光纤内光脉冲的发生距离越大，衰减就越大，衰减量不允许超过某个规定值，否则相应控制单元内的接收器将无法再处理这个光脉冲。衰减率（A）用分贝（dB）表示。分贝并不是一个绝对数量，而是代表两个数值之比。衰减率越高，信号传送就越差。

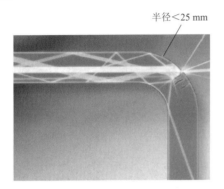

图 2-42　光纤过度弯曲或扭绞

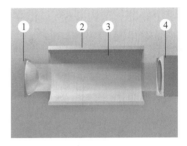

图 2-43　光纤内光线的衰减

1—发射二极管；2—外壳；3—光纤；4—接收器

如果传送光信号涉及几个部件，那么必须把这几个部件的衰减率相加，从而计算出总衰减率。这就如同计算几个串联的电气部件的电阻一样。光脉冲的衰减有两种基本形式，即自然衰减和故障衰减。自然衰减是由光脉冲从发射器至接收器走过的距离产生的；故障衰减是由于光脉冲传输区域有缺陷而产生的。

4. 光学数据总线中衰减增加的原因

如图 2-44 所示，光学数据总线中衰减增加的原因主要有以下几个方面：

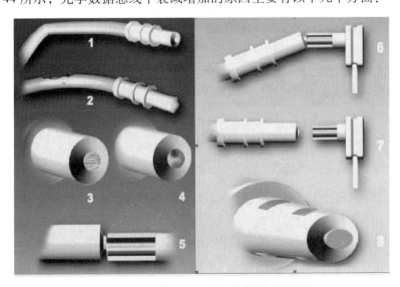

图 2-44　光学数据总线中衰减增加的原因

① 光纤弯曲半径太小。光纤的弯曲半径小于 25 mm（扭绞），使得内芯线在弯曲点产生出阴影（与弯曲的有机玻璃相比较），在光纤与包层之间的分界面上会导致光束的入射角大，光束不再被反射，如图 2-45（a）所示。必须更换光纤，如图 2-46 所示，通过安装防扭绞管套（波纹管），可保证在铺设光纤时的最小半径为 25 mm。

② 光纤的覆盖层损坏，或者有磨痕。与铜导线不同的是光纤磨坏时不会造成短路，但会导致光线损失或者外部光线射入，如图 2-45（b）所示，系统受到干扰或完全失灵。

③ 端面刮伤。如图 2-45（c）所示，端面刮伤使射到其上的光束发生散射，导致到达接收器的光量减少。

④ 端面变脏。如图 2-45（d）所示，端面变脏阻止光束通过，导致衰减增大。

⑤ 端面移位（插头外壳破裂）。

⑥ 端面不成直线（角度误差）。

⑦ 光导纤维的端面和控制单元的接触面之间有缝隙（插头外壳破裂或未啮合）。

⑧ 套圈未正确地压接。

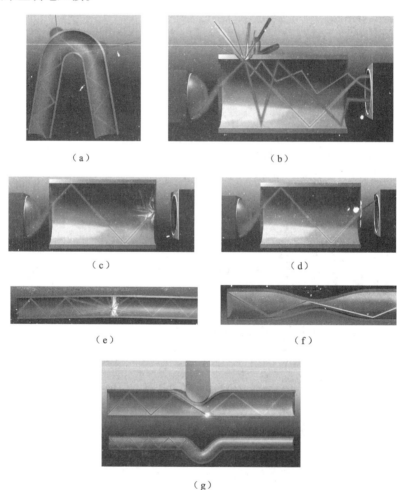

图 2-45　各种损坏形式光纤衰减原理

⑨ 光纤对折。装配时绝对不允许将光纤对折，这样会损坏包层和光纤，如图 2-45（e）所示。光线将在对折位置处出现局部散射，从而造成信息传输速度降低。

⑩ 光纤过度延伸（受拉）。如图 2-45（f）所示，光纤受拉后芯线伸长，光纤横断面减小，导致光线的通过能力减小，增大衰减。

⑪ 光纤有压痕。由于压力可以使导光的横断面永久变形，如果光纤出现任何压痕，将使光纤丧失光线传输能力，如图 2-45（g）所示。导线扎带扎得过紧会提高作用在光纤上的横向力，可能会在光纤上形成压痕。

⑫ 光纤过热。

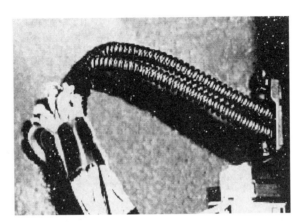

图 2-46　防扭绞管套（波纹管）

5. 处理光纤及其部件的规则

① 绝不可对其进行热加工或采用如焊锡、热压焊和焊接的修理方法。

② 绝不可使用化学的和机械的方法，例如黏结和连接。

③ 绝不可把两根光纤的导线或一根光纤的导线与一根铜线绞合在一起。

④ 避免覆盖层的损坏。如钻孔、切割或挤压。在汽车中进行安装时，不要站在覆盖层上或把物体放在覆盖层上。

⑤ 避免污染端面。如液体、灰尘或其他介质。只有在进行连接或测试时，才可以极其小心地取下规定的保护性罩盖。

⑥ 当铺设在汽车中时，应当避免其成环形和打结。

⑦ 更换光导纤维时，应注意正确的长度。

【任务实施】

任务　认识 CAN 及 MOST 网络故障类型

任务要求：

1. 通过任务实施，让学员能够认识 MOST 网先网络线束。

2. 正确使用万用表示波器。

3. 能够正确测试光纤检测设备。

任务工单：

任课教师		学时	
班级		学生姓名	
模块	模块二 汽车总线系统的认知	学习时间	
任务	认识 CAN 及 MOST 网络故障类型	学习地点	
仪器与设备	VAS6150、VAS6356、FSA740		
参考资料	奥迪 A6L 轿车维修手册及电路图		
课堂学习	1. 下图是光纤的那种故障类型 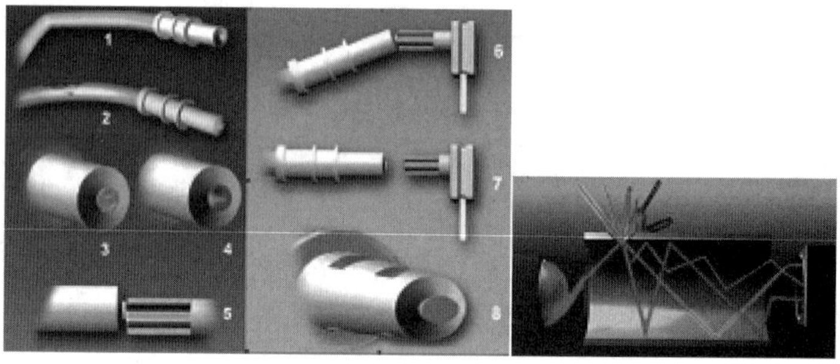 2. 比特率 3. 网关 4. 网络拓扑 5. 汽车网络系统协议		
思考			

🚗 **小结**

1. 采用总线的优点：减轻整车重量、节约成本、质量可靠、减少装配时间、增大开发余地。

2. 总线系统的信息一般采用多路传输。

3. 总线系统主要由控制单元、数据总线、网络、架构、通信协议、网关等组成。

4. 网关的作用：识别和改变不同总线网络的信号和速率；改变信息优先级；网关可作

为诊断接口。

5. 总线系统网络拓扑：是指网络节点的几何结构，即各个节点相互连接的方式，一般分为星形网络拓扑、环形网络拓扑、总线型网络拓扑结构。

6. 汽车总线系统的类型：A、B、C、D、E 五类连同不同协议，适合传输不同速率的总线。

7. CAN 数据总线包括：控制单元（CPU）、控制器（Controller）、收发器（Tranceiver）、数据传输终端。

8. 数据传输原理：CAN 数据总线中的数据传递就像一个电话会议，一个电话用户（电控单元）将数据"讲入"网络中，其他用户通过网络"接听"这个数据，对这个数据感兴趣的用户就会利用数据，而其他用户则选择忽略。

9. CAN 数据总线传递数据的格式：分为开始域、状态域、检查域、数据域、安全域、确认域和结束域 7 个部分。

10. CAN 总线的传输仲裁原则是：具有最高优先权的数据首先发送。

11. 汽车无源光学星形网络主要由光源、光发送器（光二极管 LED）、在节点上的光接收器、光纤 4 部分组成。

12. 光波在光纤中采用全反射原理进行传播。

 习题

1. 什么是节点？
2. 什么是拓扑？
3. 什么是总线的传输的仲裁？
4. 总线系统是怎样进行数据传输的？

章节测试答疑

3

模块三

大众车系总线系统检修

【能力目标】

知识目标	1. 掌握大众车系 CAN 总线网络组成 2. 掌握动力总线和舒适/信息总线的特点 3. 掌握迈腾轿车控制单元的功用和执行元件的作用
技能目标	1. 能够使用示波器正确测量总线系统的波形 2. 能够正确分析 CAN 总线系统的波形 3. 能够正确诊断总线系统故障
素质目标	1. 具有安全意识、环保意识、法律意识 2. 具有严谨、规范、精益求精的大国工匠精神 3. 培养技能救国、技能兴国的理念以及科技报国的家国情怀和使命担当 4. 具有正确的劳动观点和劳动态度以及爱岗敬业、吃苦耐劳的精神

【任务描述】

　　一辆 2015 年生产的大众迈腾 B7L，行驶里程 10 万公里，用户反映该车电动车窗不能正常升降，需要维修人员对车辆进行维修，并向用户解释原因。

【必备知识】

（微课：电动车窗故障诊断）

（微课：汽车总线网络
局域网、动力总线）

3.1　大众车系 CAN 总线网络

　　随着大众车系舒适系统、安全系统的不断升级，电控单元数量不断增加，同时车上的传感器、执行器不断增加，信息交换越来越密集，车辆控制越来越复杂，传统的点对点的连接方式使线束变得越来越庞大，使汽车的设计及发展陷入尴尬的境地。德国 Bosch 公司开发的 CAN 总线系统解决了上述矛盾，在增加控制单元的同时减少线束的数量，使控制过程更加简化。

3.1.1　大众车系 CAN 总线网络类型

　　以迈腾轿车为例，该系统设定为 5 个不同的区域，分别为动力（驱动）系统、舒适系统、信息系统、仪表系统、诊断系统 5 个局域网，如图 3-1 所示。5 个子局域网的传输速率，见表 3-1，其中在 CAN 总线系统下还存在 LIN 总线系统，其传输速率为 20 kbit/s，整个 CAN 总线系统最大可承载 1 000 kbit/s。

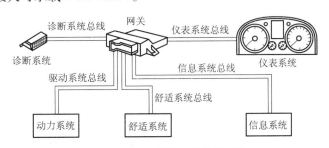

图 3-1　CAN 总线系统的子系统

表 3-1　CAN 总线系统 5 个子局域网的传输速率

序号	局域网总线	电源供电线（线号）	传输速率/(kbit·s^{-1})
1	动力系统总线	15	500
2	舒适系统总线	30	100
3	信息系统总线	30	100
4	诊断系统总线	30	500
5	仪表系统总线	15	500

3.1.2　动力系统 CAN 总线

　　动力系统 CAN 总线主要由发动机控制单元、ABS 控制单元、ESP 控制单元、自动变速器控制单元、安全气囊控制单元、组合仪表控制单元等组成。

1. 动力系统 CAN 总线信号波形

为了提高数据传递的可靠性，CAN 数据总线系统的两条导线（双绞线）分别用于不同的数据传送，这两条线分别称为 CAN-H 线和 CAN-L 线。在显性状态和隐性状态之间进行转换时，CAN 总线上的电压变化如下：

在静止状态时，这两条导线上作用有相同预先设定值，该值称为静电平。对于动力系统 CAN 总线来说，这个值大约为 2.5 V。静电平也称为隐性状态，因为连接的所有控制单元均可修改它。

在显性状态时，CAN-H 线上的电压值会升高一个预定值（对动力系统 CAN 总线来说，这个值至少为 1 V）。CAN-L 线上的电压值会降低一个同样值（对动力系统 CAN 总线来说，这个值至少为 1 V）。于是，在动力系统 CAN 总线上 CAN-H 线就处于激活状态，其电压不低于 3.5 V（2.5 V+1 V＝3.5 V），而 CAN-L 线上的电压值最多可降至 1.5 V（2.5 V-1 V＝1.5 V）。

因此，在隐性状态时，CAN-H 线与 CAN-L 线上的电压差为 0 V，在显性状态时，该差值最低为 2 V。

动力总线 CAN 网络由 15 号供电线激活，传输速率为 500 kbit/s，是所有 CAN 总线中最高的，采用终端电阻结构，其中心电阻的值为 66 Ω。动力系统 CAN 总线数据线上的信号变化波形如图 3-2 所示。

2. 动力总线收发器内的 CAN-H 线和 CAN-L 线上的信号转换

控制单元是通过收发器连接到动力系统 CAN 总线上的，在这个收发器内有一个接收器，该接收器安装在接收一侧的差动信号放大器内，如图 3-3 所示。差动信号放大器用于处理来自 CAN-H 线和 CAN-L 线的信号，除此以外，还负责将转换后的信号送至控制单元的 CAN 接收区。这个转换后的信号称为差动信号放大器的输出电压。差动信号放大器用 CAN-H 线上的电压减去 CAN-L 线上的电压，计算出输出电压差，用这种方法可以消除静电平（对于动力系统 CAN 总线来说是 2.5 V）或其他任意重叠的电压（例如干扰）。差动信号放大器内的信号处理如图 3-4 所示。

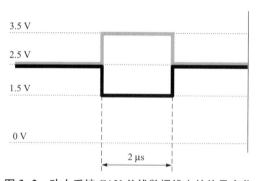

图 3-2　动力系统 CAN 总线数据线上的信号变化

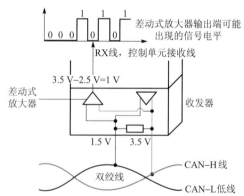

图 3-3　动力总线上的差动信号放大器

3. 动力系统 CAN 总线差动信号放大器内的干扰过滤

由于数据总线也要布置在发动机舱内，所以数据总线就要遭受各种干扰，要考虑对地短路和蓄电池电压、点火装置的火花放电和静态放电。

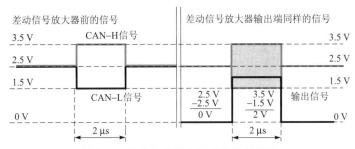

图 3-4　差动信号放大器内的信号处理

CAN-H 信号和 CAN-L 信号经过差动信号放大器处理后，可最大限度地消除干扰的影响，即使车上的供电电压有波动（如在起动发动机时），也不会影响各个控制单元的数据传递的可靠性，如图 3-5 所示。

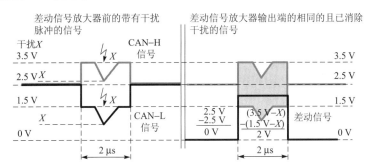

图 3-5　差动信号放大器内的干扰过滤

在图 3-5 上，可清楚地看到这种传递的效果。由于 CAN-H 线和 CAN-L 线是扭绞在一起的，所以干扰脉冲 X 就总是有规律地作用在两条线上。

由于差动信号放大器总是用 CAN-H 曲线上的电压（$3.5\,V-X$）减去 CAN-L 线上的电压（$1.5\,V-X$），因此在经过差动处理后，（$3.5\,V-X$）－（$1.5\,V-X$）＝2 V，差动信号中就不再有干扰脉冲了。控制单元判断双线的电平及逻辑信号见表 3-2。

表 3-2　控制单元判断双线的电平及逻辑信号

状态	CAN-H/V	CAN-L/V	差动输出信号电压/V	逻辑信号
显性	3.5	1.5	3.5-1.5＝2	0
隐性	2.5	2.5	2.5-2.5＝0<2	1

3.1.3　舒适/信息系统 CAN 总线

舒适/信息 CAN 数据总线的联网控制单元包括自动空调控制单元、车门控制单元、舒适控制单元、收音机和导航显示控制单元。

控制单元通过舒适信息系统 CAN 数据总线的 CAN-H 线和 CAN-L 线来进行数据交换，如车门开/关、车内灯开/关、车辆位置（GPS）等。

（微课：舒适/信息系统 CAN 总线）

由于使用同样的脉冲频率，所以舒适系统 CAN 数据总线和信息系统 CAN 数据总线可以共同使用一对导线，前提条件是相应的车上有这两种数据总线。

1. 舒适/信息系统 CAN 数据总线信号波形

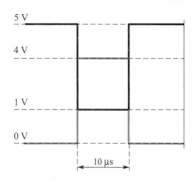

图 3-6　舒适/信息系统 CAN 总线的信号电压变化

为了使低速 CAN 总线抗干扰性强且电流消耗低，与动力系统 CAN 数据总线相比做了一些改动。首先，由于使用了单独的驱动器（功率放大器），这两个 CAN 信号就不再有彼此依赖的关系。与动力系统 CAN 总线不同，舒适/信息系统 CAN 总线的 CAN-H 线和 CAN-L 线不是通过电阻相连的，也就是说，CAN-H 线和 CAN-L 线不再彼此相互影响，而是彼此独立作为电压源来工作。在隐性状态（静电平）时，CAN-H 线信号为 0 V，在显性状态时 ≥4 V。对于 CAN-L 信号来说，隐性电平为 5 V，显性电平 ≤1 V，如图 3-6 所示。

于是，在差动信号放大器内相减后，隐性电平为 -5 V，显性电平为 3 V，那么隐性电平和显性电平之间的电压变化（电压提升）提高到 ≥7.2 V。在 VAS 5051 上的数字存储式示波器（DSO）上显示的舒适/信息系统 CAN 总线波形图（静态）如图 3-7 所示。

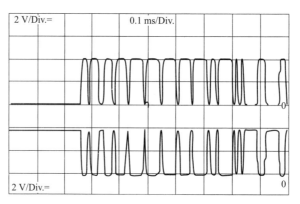

图 3-7　VAS 5051 上示波器（DSO）上显示的舒适/信息系统 CAN 总线波形图（静态）

2. 舒适/信息系统 CAN 总线的 CAN 收发器

舒适/信息系统 CAN 总线收发器的结构如图 3-8 所示，其工作原理与动力系统 CAN 总线收发器基本是一样的，只是输出的电压电平和出现故障时切换到 CAN-H 线或 CAN-L 线（单线工作模式）的方法不同。另外，CAN-H 线和 CAN-L 线之间的短路会被识别出来，并且，在出现故障时会关闭 CAN-L 驱动器，在这种情况下，CAN-H 线和 CAN-L 线信号是相同的。

CAN-H 线和 CAN-L 线上的数据传递由安装在收发器内的故障逻辑电路监控，故障逻辑电路检验两条 CAN 总线上的信号，如果出现故障（如某条 CAN 导线断路），故障逻辑电路会识别出该故障，从而使用完好的那一条导线（单线工作模式）。

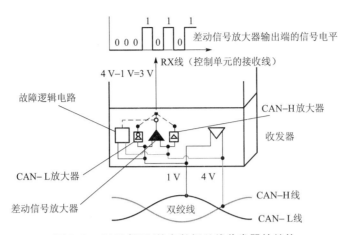

图 3-8　CAN 舒适/信息数据总线收发器的结构

在正常的工作模式下，使用的是 CAN-H "减去" CAN-L 所得的信号（差动数据传递），这样就可将故障对舒适/信息系统 CAN 总线的两条导线的影响降至最低（与动力系统 CAN 总线是一样的）。控制单元判断双线的电平及逻辑信号见表 3-3。

表 3-3　控制单元判断双线的电平及逻辑信号

状态	CAN-H/V	CAN-L/V	差分输出信号电压/V	逻辑信号
显性	4	1	4-1=3>2	0
隐性	0	5	0-5=-5<0	1

3. 单线工作模式下的舒适/信息系统 CAN 总线

如果因断路、短路或与蓄电池电压相连而导致两条 CAN 导线中的一条不工作了，那么就会切换到单线工作模式。在单线工作模式下，舒适/信息系统 CAN 总线仍可工作。控制单元使用 CAN 不受单线工作模式影响，一个专用的故障输出用于通知控制单元。现在收发器是工作在单线模式下，VAS 5051 上示波器（DSO）上显示的舒适/信息系统 CAN 总线工作在单线模式下的波形（静态）如图 3-9 所示。

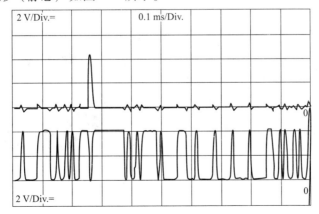

图 3-9　VAS 5051 上示波器（DSO）上显示的舒适/信息系统 CAN
总线工作在单线模式下的波形（静态）

3.1.4 诊断系统总线

诊断系统 CAN 总线用于诊断仪器和相应控制单元之间的信息交换，它与网关的连接如图 3-10 所示，它被用来代替原来的 K 线或者 L 线的功能（废气处理控制器除外）。

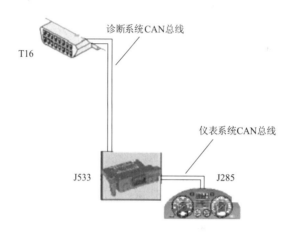

图 3-10 诊断系统 CAN 总线与网关的连接
J285—仪表控制单元；J533—网关；T16—诊断接口

诊断系统目前只能在 VAS 5051、VAS 5052 和 VAS 6150 下工作，而不能适用于原来的诊断工具，如 VAG 1552 等，诊断系统 CAN 总线通过网关转接到相应的 CAN 总线上，然后再连接相应的控制器进行数据交换。

随着诊断系统 CAN 总线的使用，大众集团将逐步淘汰控制器上的 K 线存储器而采用 CAN 总线作为诊断仪器和控制器之间的信息连接线，称为虚拟 K 线。

当车辆使用诊断系统 CAN 总线结构后，VAS 5051 等诊断仪器必须使用相对应的新型诊断线（VAS 5051/5A 或 VAS 5051/6A），否则无法读出相应的诊断信息。另外，车上的诊断接口也作出了相应的改动，如图 3-11 所示，诊断接口的排列，见表 3-4。

图 3-11 诊断接口

表 3-4　诊断接口端子针脚的含义

针脚号	对应的线束	针脚号	对应的线束
1	15 号线	7	K 线
4	搭铁	14	CAN-L 线
5	搭铁	15	L 线
6	CAN-H 线	16	30 号线
注：未标明的针脚号暂未使用			

3.2　大众车系 CAN 总线的特点

3.2.1　大众车系 CAN 总线链路的特点

① 动力系统 CAN 数据总线通过 15 号接线柱切断，或经过短时无载运行后切断，而舒适系统 CAN 总线由 30 号接线柱供电且必须保持随时可用状态。

② 为了尽可能降低对供电电网产生的负荷，在"15 号接线柱关闭"后，若总线系统不再需要舒适系统 CAN 总线，那么舒适系统 CAN 总线就进入所谓"休眠模式"。

③ 舒适/信息系统 CAN 总线在一条数据线短路或一条 CAN 线断路时，可以用另一条线继续工作，这时会自动切换到"单线工作模式"。

④ 动力系统 CAN 总线的电信号与舒适/信息系统 CAN 总线的电信号是不同的。

3.2.2　大众车系 CAN 总线的链路

1. 双绞线的颜色

CAN 总线的基色为橙色，在基色的基础加上各种相应颜色。

动力系统 CAN 总线的 CAN-H 线是橙/黑色。

舒适系统 CAN 总线 CAN-H 线是橙/绿色。

信息系统 CAN 总线 CAN-H 线是橙/紫罗兰色。

诊断系统 CAN 总线 CAN-H 线是橙/红色。

仪表系统 CAN 总线 CAN-H 线是橙/蓝色。

所有的 CAN-L 线都是橙/棕色。

LIN 总线是紫/蓝色。

2. 双绞线的节点

（1）绞线铰接式节点

对于设备配置相对比较低端的车型，舒适系统 CAN 总线和动力系统 CAN 总线连接的控制单元相对较少，CAN 双绞线一般采用铰接式连接，即所有相同系统的 CAN-H 线集中铰接为一个中心接点，所有相同系统的 CAN-L 线集中铰接为一个中心接点即节点，CAN 总线的连接节点如图 3-12 所示。

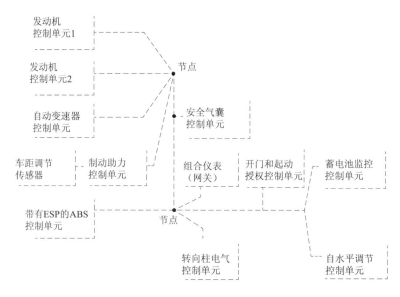

图 3-12　CAN 总线的连接节点

（2）双绞线的插座式连接

对于设备配置相对比较高端的车型，舒适系统 CAN 总线和动力系统 CAN 总线连接的控制单元比较多，CAN 双绞线一般采用插座式连接。连接插头分别构成了舒适系统 CAN 总线及驱动系统 CAN 总线的中央节点，各总线系统下的所有控制单元的 CAN 总线均被连接到连接插座上，如图 3-13 所示。连接插头的功能可以集中在检测盒 1598/38 上，可以通过 VAS 5051 上的数字存储式示波器来检查动力系统 CAN 总线和舒适系统 CAN 总线上控制单元的各条导线，同时还可以在进行总线系统故障查询时区分出各个控制单元。该检测盒用来确定 CAN 总线上的短路点，也可以将各个控制单元连接触桥插到检测盒上对控制单元进行检查，电路如图 3-14 所示。

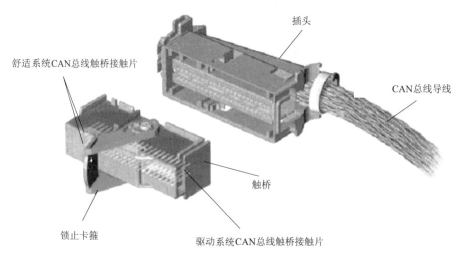

图 3-13　CAN 连接插座

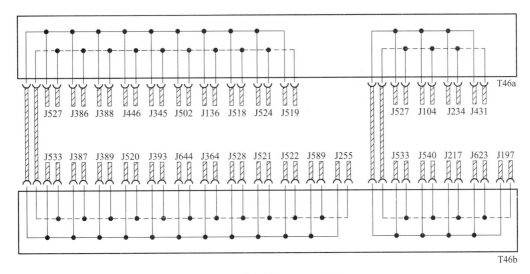

图 3-14　检测盒 1598/38 电路

J104—带 EDS 的 ABS 控制单元；J136—带记忆的座椅调节控制单元；J197—自水平调节控制单元；

J217—自动变速器控制单元；J234—安全气囊控制单元；J255—全自动空调控制单元；

J345—挂车识别控制单元；J364—驻车加热控制单元；J386—驾驶员侧车门控制单元；

J387—前乘客侧车门控制单元；J388—左后车门控制单元；J389—右后车门控制单元；

J393—舒适系统中央控制单元；J431—前照灯程调节控制单元；J446—停车辅助控制单元；

J502—轮胎压力监控控制单元；J518—使用和起动授权控制单元；J519—供电控制单元 1；

J520—供电控制单元 2；J521—带记忆的座椅调节控制单元（前乘客）；

J522—带记忆的座椅调节控制单元（后座）；J524—信息显示和操纵控制单元（后座）；

J527—转向柱电气控制单元；J528—车顶电气控制单元；J533—数据总线诊断接口；

J540—电动驻车和手制动控制单元；J589—驾驶员识别控制单元；

J623—发动机控制单元；J644—电能管理控制单元；

T46a—插头，46 脚，黑色，在左侧 CAN 插头上；T46b—插头，46 脚，黑色，在右侧 CAN 插头上

　　驱动系统 CAN 总线和舒适系统 CAN 总线上的所有控制单元在插头上呈星形连接。总线系统的一部分连接在控制单元接到右侧插头上，另一部分连接在控制单元接到左侧插头上。左侧和右侧插头通过一根 CAN 总线彼此相连，这就最终使得舒适系统 CAN 总线上的所有控制单元与驱动系统 CAN 总线上的控制单元连接起来，如图 3-15 所示。

　　插头安装在仪表板左、右两侧的侧面装饰板后面。如果要抽出触桥，首先得松开锁止卡箍。对于左置和右置方向盘的汽车来说，这两种插头的针脚的布置是不同的，在相应的维修手册或故障导航中可找到针脚的布置。

3.2.3　CAN 数据总线上的终端电阻

　　数据传输终端是一个终端电阻，防止数据在导线终端产生反射波，反射波会破坏数据。在动力系统中，它接在 CAN-H 和 CAN-L 之间。标准 CAN 总线的两端一般接有两个终端电阻，如图 3-16 所示。大众车型将负载电阻分布在各个控制单元内，其中在发动机控制单元中装有"中央终端电阻"，其他控制单元安装大电阻。

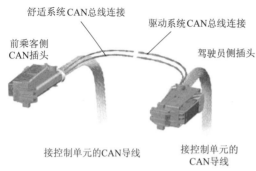

舒适系统CAN总线连接
驱动系统CAN总线连接
前乘客侧CAN插头
驾驶员侧插头
接控制单元的CAN导线
接控制单元的CAN导线

图 3-15 奥迪轿车上的 CAN 插座连接

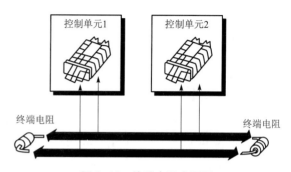

控制单元1 控制单元2
终端电阻 终端电阻

图 3-16 终端电阻布置图

驱动系统中 CAN-H 和 CAN-L 线之间的总电阻为 50~70 Ω。断开点火开关（断开15 号线），可以测量 CAN-H 和 CAN-L 之间的电阻。舒适系统 CAN 总线和信息系统 CAN 总线的特点是，控制单元的负载电阻不是在 CAN-H 和 CAN-L 线之间，而是在导线与搭铁之间。电源电压断开时，CAN-L 线（舒适系统和信息系统）上的电阻也断开，因此不能测量电阻。大众车型中设置有两种终端电阻，包括 66 Ω~2.6 kΩ，如图 3-17 所示。

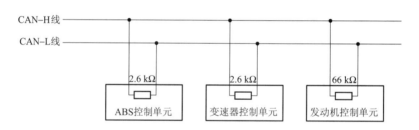

CAN-H线
CAN-L线
2.6 kΩ   2.6 kΩ   66 kΩ
ABS控制单元   变速器控制单元   发动机控制单元

图 3-17 大众车系终端电阻布置

3.2.4 CAN 总线防干扰原理

CAN 总线采用双绞线，既可以防止电磁干扰对传输信息的影响，也可以防止本身对外界的干扰。系统中采用高、低电平两根数据线，控制器输出的信号同时向两根通信线发送，高、低电平互为镜像。

外界的干扰同时作用于两根导线

图 3-18 外界干扰同时作用于 CAN 总线

1. 抗干扰

如图 3-18 所示，双绞线保证外界干扰对 CAN 总线的两根数据线的干扰影响基本相同，由于 CAN 收发器利用差动放大器对两路信号进行差动运算，差动运算输出能够使外界对 CAN 总线的两根数据线的干扰影响自行抵消，如图 3-19 所示。

2. 不干扰外界

双绞线保证 CAN 总线的两根数据线距离外界任意一点的距离基本相同，如图 3-20 所

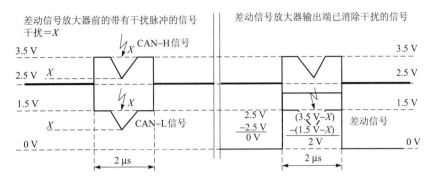

图 3-19 差动放大排除外界干扰

示。由于 CAN 收发器发送到两根数据线上的信号成镜像关系，因此，CAN-H 线对外辐射和 CAN-L 线的对外辐射具有幅值相同、方向相反的特点。综合以上两点，CAN 总线的两根数据线对外界任意一点的干扰影响自行运算抵消。

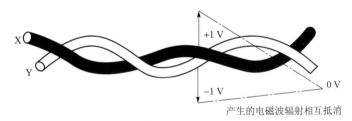

图 3-20 镜像信号抵消本身对外界的干扰

3. 发送和接收错误的纠正

为了保证发送和接收能够同步，CAN 总线采用两种措施。

（1）边沿对齐规则

边沿对齐规则即接收器发现每一次电平反向的节拍不对时，必须调整边沿，以求得同步。这个规则在电平变化频繁时能有效地保证接收的正确性，如图 3-21 所示。

（2）数据位的填充

为了保证发送和接收能够同步，CAN 总线规定了位填充规则。也就是说最多 5 位出现一样的电平信号，第 6 位必须有一个反向电平。这个规则能有效地保证接收的正确性，如图 3-22 所示。

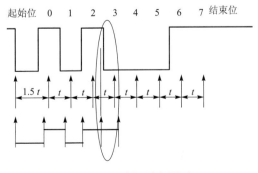

图 3-21 边沿对齐原则

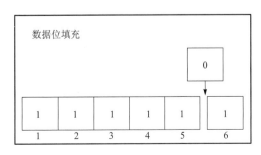

图 3-22 数据位的填充原则

3.3　迈腾轿车总线系统检修

迈腾轿车总线网络系统包括动力系统 CAN 总线、舒适系统 CAN 总线、信息娱乐系统 CAN 总线、诊断系统 CAN 总线、仪表系统 CAN 总线等几个网络，其拓扑图如图 3-23 所示。

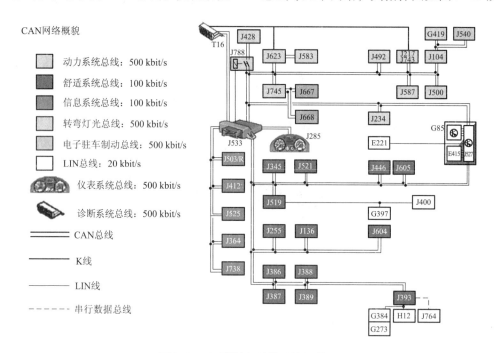

图 3-23　迈腾轿车总线系统拓扑图

E221—转向盘操作单元；E415—进入及起动许可开关；G85—转向角传感器；G273—车内监控传感器；

G384—车辆侧倾传感器；G397—晴雨与光线识别传感器；G419—ESP 传感器单元；H12—报警喇叭；

J104—ABS 控制单元；J136—座位调节和带记忆功能的转向柱调节的控制单元；J217—自动变速箱控制单元；

J234—安全气囊控制单元；J255—全自动空调控制单元；J285—组合仪表中的控制单元；

J345—拖车识别装置控制单元；J364—辅助加热装置的控制单元；J386—驾驶员侧车门控制单元；

J387—前乘客侧车门控制单元；J388—左后车门控制单元；J389—右后车门控制单元；

J393—舒适系统中央控制单元；J400—刮水器电机控制单元；J412—移动电话电子操作装置控制单元；

J428—车距调节装置控制单元；J446—驻车辅助控制单元；J492—全轮驱动的控制单元；J500—转向辅助控制单元；

J503—收音机和导航系统显示单元控制单元；J519—车载电网控制单元；J521—带记忆功能的前乘客座椅调节控制单元；

J525—数字式音响套件控制单元；J527—转向柱电子装置控制单元；J533—数据总线诊断接口；

J540—电机驻车制动器控制单元；J583—NO$_x$ 传感器的控制单元；J587—换挡杆传感装置控制单元；

J604—空气辅助加热装置的控制单元；J605—汽车行李厢盖控制单元；J623—发动机控制单元；

J667—左侧前照灯功率模块；J668—右侧前照灯功率模块；J738—电话操作单元控制单元；

J743—直接换挡变速箱的机械电子单元；J745—转向灯和前照灯照明距离调节控制单元；

J764—ELV 控制单元；J788—动力系统 CAN 总线断路继电器；

R—收音机；T16—插头连接，16 芯，诊断接口

3.3.1　迈腾轿车 CAN 总线系统网络

1. 迈腾轿车动力系统 CAN 总线系统网络

迈腾轿车动力系统 CAN 总线系统网络的控制单元包括发动机控制单元、四轮驱动控制单元、自动变速器控制单元、ABS 控制单元、安全气囊控制单元、助力转向控制单元、换挡杆传感器控制单元、前照灯控制单元、转向柱控制单元，如图 3-24 所示。动力系统控制单元在汽车上的位置如图 3-25 所示。

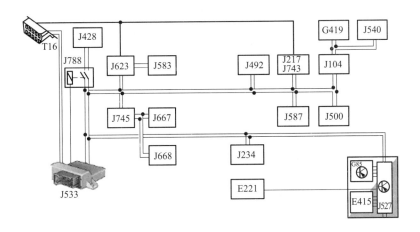

图 3-24　迈腾轿车动力系统 CAN 总线系统网络拓扑图

J623—发动机控制单元；J533—网关；J492—四轮驱动控制单元；J217—自动变速器控制单元；J104--ABS 控制单元；
J234—气囊控制单元；J500—助力转向控制单元；J587—变速杆传感器控制单元；J745—前照灯控制单元；
G85—转向角度传感器；J527—转向柱控制单元

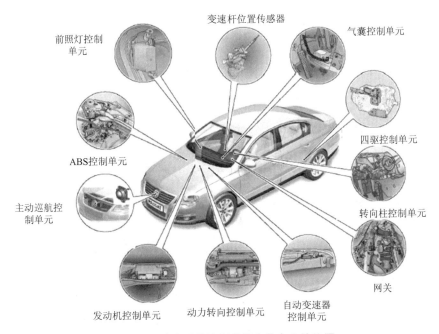

图 3-25　动力系统控制单元在汽车上的位置

2. 迈腾轿车舒适系统 CAN 总线系统网络

迈腾轿车舒适系统 CAN 总线系统网络包括车载电源控制单元、拖车控制单元、座椅记忆控制单元、停车辅助控制单元、后备厢盖控制单元、转向柱控制单元、空调控制单元、驻车加热控制单元、车门控制单元，如图 3-26 所示，舒适系统控制单元在车上的位置，如图 3-27 所示。

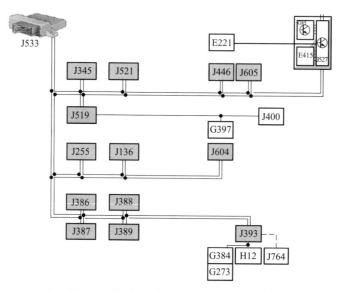

图 3-26 迈腾轿车舒适系统 CAN 总线系统拓扑图

J533—网关；J345—拖车控制单元；J521—前乘客座椅记忆控制单元；J446—停车辅助控制单元；J605—后备厢盖控制单元；
J527—转向柱控制单元；J519—车载电源控制单元；J255—空调控制单元；J136—驾驶员座椅记忆控制单元；
J604—驻车加热控制单元；J393—舒适系统控制单元；J386~J389—车门控制单元

图 3-27 舒适系统控制单元在汽车上的位置

3. 迈腾轿车信息/娱乐系统 CAN 总线网络

迈腾轿车信息/娱乐系统 CAN 总线网络控制单元包括收音机（导航控制单元）、电话准备系统控制单元、数字音响控制单元、驻车加热控制单元、电话控制单元，如图 3-28 所示，信息/娱乐系统控制单元在车上位置如图 3-29 所示。

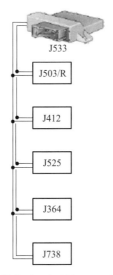

图 3-28 迈腾轿车信息/娱乐系统 CAN 总线控制单元拓扑图

J533—网关；J503—收音机（导航控制单元）；J412—电话准备系统控制单元；J525—数字音响控制单元；
J364—驻车加热控制单元；J738—电话控制单元

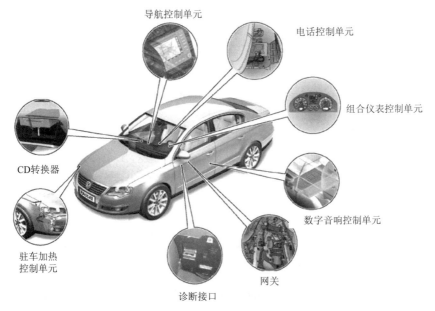

图 3-29 迈腾轿车信息/娱乐系统 CAN 总线控制单元在车上的位置

（微课：实训视频拆卸 J519）   （微课：实训视频读取 J519 测量值）   （微课实训视频：读取 J527 测量值）

3.3.2　LIN 数据总线系统网络

LIN 数据总线采用单线主、从控制器控制，如图 3-30 所示，车内监控传感器 G273、车辆侧倾传感器 G384、报警喇叭 H12 通过主控单元（舒适系统中央控制单元 J393）向总线系统发送传感器信号，同时也通过主控单元接收控制信号。

G397 晴雨与光线识别传感器、J400 刮水器电机控制单元通过车载电网控制单元 J519 供电。

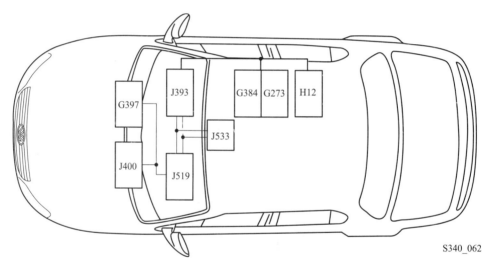

S340_062

图 3-30　LIN 数据总线控制单元

G273—车内监控传感器；G384—车辆侧倾传感器；G397—晴雨与光线识别传感器；H12—报警喇叭；
J393—舒适系统中央控制单元；J400—刮水器电机控制单元；J519—车载电网控制单元；J533—数据总线诊断接口

3.3.3　迈腾轿车总线系统控制单元的功能及执行元件

1.　网关 J533

在总线网络上有大量的数据需要被传递，为确保无故障地交换数据，需要几条数据总线系统之间相互交换数据，数据总线接口作为网关，将这些数据总线连接起来进行数据交换。迈腾轿车网关安装在仪表台左下部，油门踏板上部，如图 3-31 所示。

网关具有主控制器功能，控制动力系统总线的 15 信号运输模式和舒适系统总线的睡眠和唤醒模式。

（1）运输模式

① 在商品车运输到经销商处之前，为了防止蓄电池过多放电，应当使车辆的电能消耗

降到最小，因此有些功能将被关闭。

②经销商在将车辆销售给用户前，必须用 VAS 5051 的自诊断功能关闭运输模式。运输模式在低于 150 km 时，可以用网关来进行切换，当高于此值时，系统自动关闭运输模式。

（2）舒适系统总线的睡眠和唤醒模式

①当舒适和娱乐系统总线处于空闲状态时，控制单元发出睡眠命令，当网关监控到所有的总线都有睡眠要求时，进入睡眠模式。此时总线电压 CAN-L 为 12 V，CAN-H 线为 0 V。

②如果动力系统总线仍处于信息传递过程中，舒适和娱乐总线是不允许进入睡眠状态的，当舒适系统总线处于信息传递过程中，娱乐和信息系统总线也不肯进入睡眠模式。当某一个信息激活相应的总线后，控制单元会激活其他系统总线。

2. 车载电源控制单元 J519

车载电源控制单元 J519 的功能是用电负载（电能）管理，其外形如图 3-32 所示，安装位置如图 3-33 所示。

图 3-31　迈腾轿车网关的安装位置

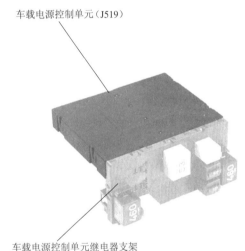

车载电源控制单元（J519）

车载电源控制单元继电器支架

图 3-32　车载电源控制单元 J519 的外形

车载电源控制
单元J519

图 3-33　车载电源控制单元 J519 的安装位置

车载电源控制单元 J519 的功能如下：

（1）灯光控制

外部灯控制包括前照灯、牌照灯、制动灯、尾灯控制，故障将通过白炽灯相应的指示灯或在组合仪表中以文本的方式显示出来，如图 3-34 所示。

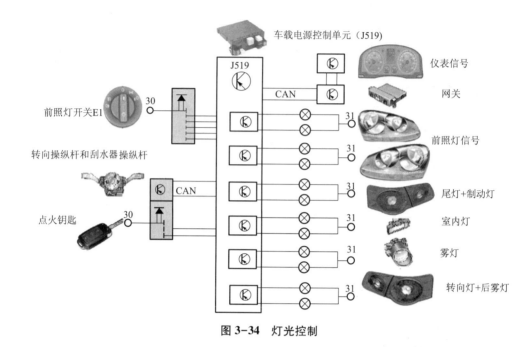

图 3-34　灯光控制

① Coming Home——"回家"模式。汽车车门关闭以后，通过汽车上的照明装置照亮汽车周围的环境。

② Leaving Home——"离家"模式。如果用无线遥控器开锁，则在选定时间通过汽车上的照明装置照亮汽车周围环境。

③ 可调节亮度的仪表照明。

（2）刮水器控制

① 将 CAN 数据总线信号从车载电网控制单元传输到刮水器电机控制单元。

② 在挂入倒车挡时，后窗刮水器被激活（仅适用于派生车型）。

（3）负荷管理

目的：确保蓄电池有足够的电能使发动机顺利起动和正常运转。控制单元根据以下的相关数据进行评估：

① 蓄电池电压。

② 发动机转速。

③ 发电机的 DFM 信号。

在保证安全行驶的前提下，电压低于 11.8 V 时，适当地关闭舒适功能的用电设备。负荷管理模式见表 3-5。

表 3-5　负荷管理模式

管理模式 1	管理模式 2	管理模式 3
15 号线接通并且发电机处于工作状态	15 号线接通并且发电机处于停机状态	15 号线断开并且发电机处于停机状态

续表

管理模式 1	管理模式 2	管理模式 3
如果蓄电池电压低于 12.7V，则控制单元要求发动机的怠速提升 如果蓄电池的电压低于 12.2V，以下的用电器将被关闭 座椅加热 后风窗加热 后视镜加热 转向盘加热 脚坑照明 门内把手照明 全自动空调耗能降低或空调关闭 信息娱乐系统关闭	如果蓄电池的电压低于 12.2V，以下的用电器将被关闭 空调耗能降低或空调关闭 脚坑照明 门内把手照明 上/下车灯 离家功能 信息娱乐系统关闭	如果蓄电池的电压低于 11.8V，以下的用电器将被关闭 车内灯 脚坑照明 门内把手照明 上/下车灯 离家功能 信息娱乐系统关闭
备注： ① 这三种管理模式的不同之处在于用电器被关闭的次序不同 ② 如果关闭的条件取消，用电器将会被重新激活 ③ 如果用电器因为电能管理的原因被关闭，则 J519 中有故障存储		

（4）端子控制

车载电源控制单元通过 X 触点卸载继电器来控制端子 75 x 。在电控箱中，通过端子 15 电压供给继电器控制端子 15。在电控箱中，通过端子 50 电压供给继电器控制端子。

（5）燃油泵预供油控制

在打开驾驶员车门时，车载电网控制单元向电动燃油泵提供电压，在发动机起动之后，发动机控制单元进行供电，如图 3-35 所示。

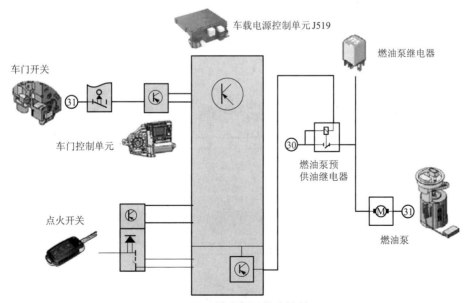

图 3-35　燃油泵预供油控制

3.4 宝来轿车总线系统检修

宝来轿车动力系统和舒适系统中装用了两套 CAN 数据传输系统，系统网关内置于仪表内，负责动力系统 CAN、舒适系统 CAN 和 K 诊断线的数据交换，如图 3-36 所示，整个网络连接如图 3-37 所示。

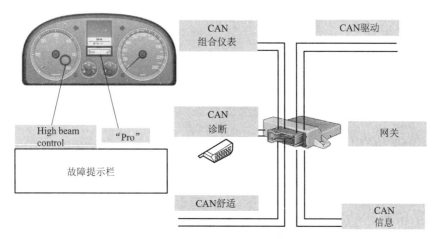

图 3-36 宝来轿车 CAN 数据传输结构

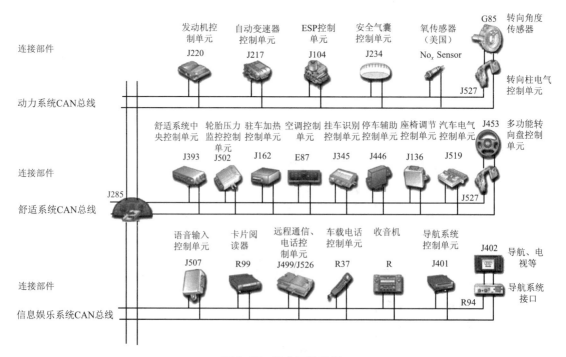

图 3-37 整个网络连接

3.4.1 宝来轿车舒适系统 CAN 网络

宝来舒适系统 CAN 总线包括舒适系统中央控制单元、轮胎监控控制单元、驻车加热控制单元、空调控制单元、挂车识别控制单元、停车辅助控制单元、座椅调节控制单元、车门控制单元。网络连接如图 3-38、图 3-39 所示。

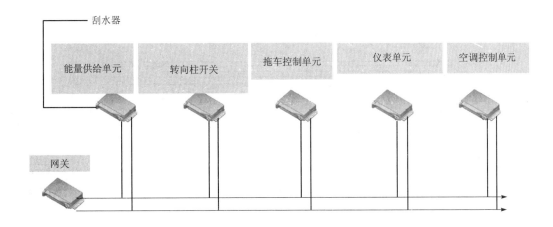

图 3-38 舒适系统 CAN 连接关系

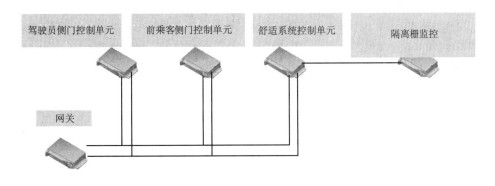

图 3-39 舒适系统 CAN 连接关系

1. 宝来轿车舒适系统 CAN 网络的电路

图 3-40 为宝来轿车舒适系统网络简图。中控门锁电路、电动车窗电路、电动后视镜电路、后备厢盖开启电路、门控灯电路、背光灯电路、电动座椅电路如图 3-41~图 3-50所示。舒适系统中央控制单元 J393 的 9 号端子上通过一条橙/绿线（CAN-H）和驾驶员侧车门控制单元 J386 的 6 号端子相连接，同时，该线通过连接到节点的 4 号线和副驾驶员侧车门控制单元 J387 的 6 号端子相连接，通过连接到节点上的 5 号线和左后车门控制单元 J388 的 11 号端子相连接，通过连接到节点上的 6 号线和右后车门控制单元 J389 的

11 号端子相连接。舒适系统中央控制单元 J393 的 6 号端子上通过一条橙/棕线（CAN-L）连接到节点上并通过节点和驾驶员侧车门控制单元 J386 的 27 号端子相连接，同时，该线通过连接到节点的 1 号线和副驾驶员侧车门控制单元 J387 的 15 号端子相连接，通过连接到节点上的 2 号线和左后车门控制单元 J388 的 12 号端子相连接，通过连接到节点上的 3 号线和右后车门控制单元 J389 的 12 号端子相连接。供电由 30 号线通过保险 S37、S238 负责供电。

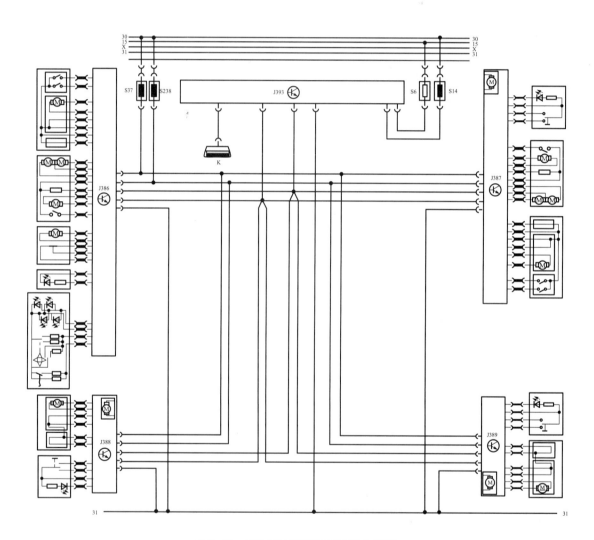

图 3-40　宝来轿车舒适系统网络电路图

（1）中控门锁电路

宝来轿车中控门锁电路如图3-41、图3-42所示。

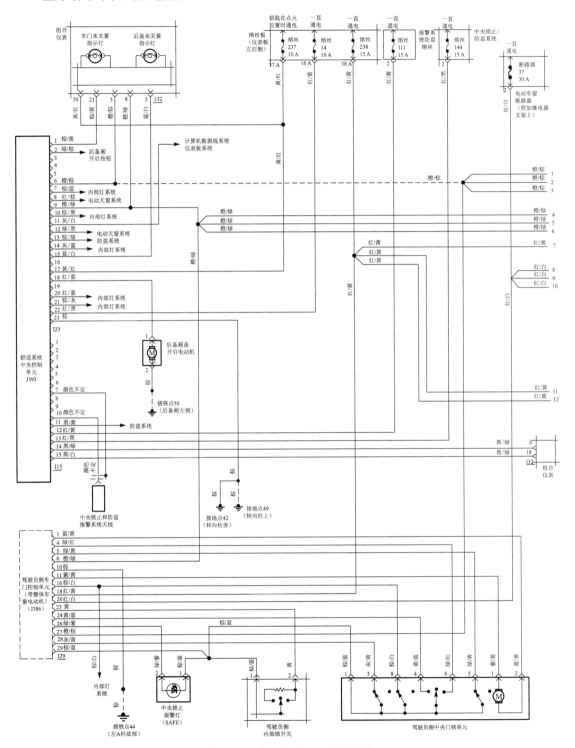

图3-41 宝来轿车中控门锁电路

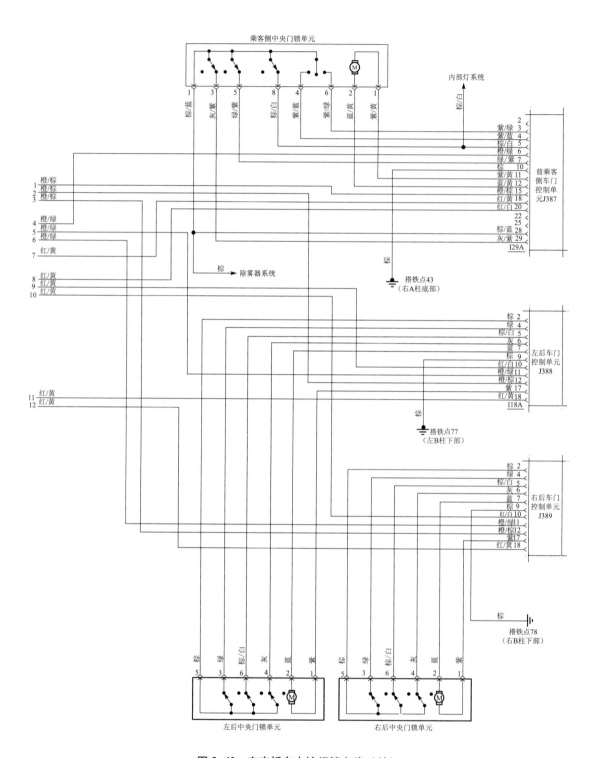

图 3-42　宝来轿车中控门锁电路（续）

（2）电动车窗电路

宝来轿车电动车窗电路如图 3-43 所示。

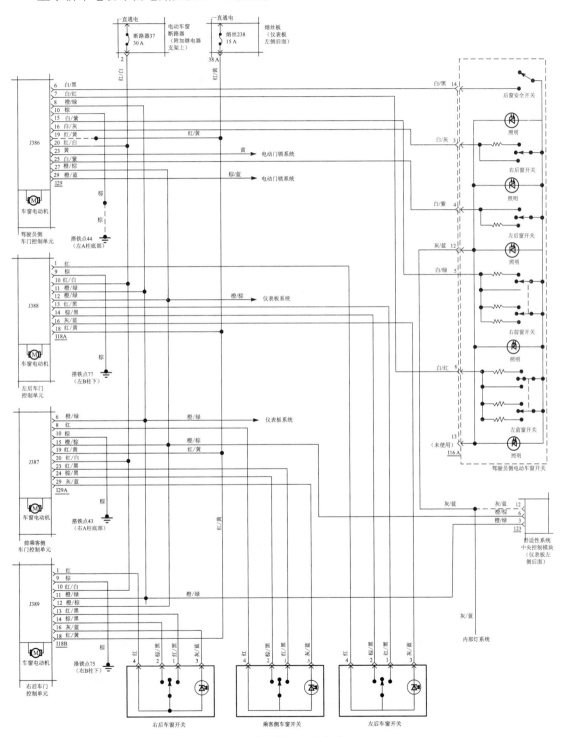

图 3-43　宝来轿车电动车窗电路

（3）电动后视镜电路

宝来轿车电动后视镜电路如图 3-44 所示。

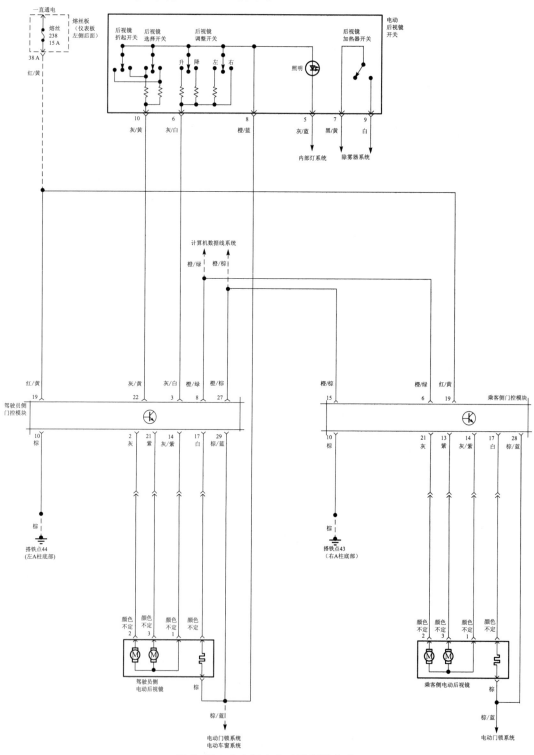

图 3-44　宝来轿车电动后视镜电路

（4）后备厢盖开启电路

宝来轿车后备厢盖开启电路如图 3-45 所示。

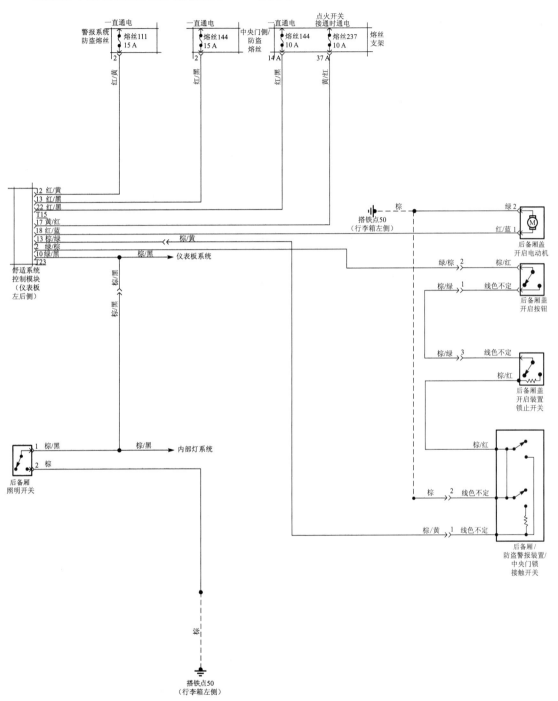

图 3-45 宝来轿车后备厢盖开启电路

（5）门控灯电路

宝来轿车门控灯电路如图3-46所示。

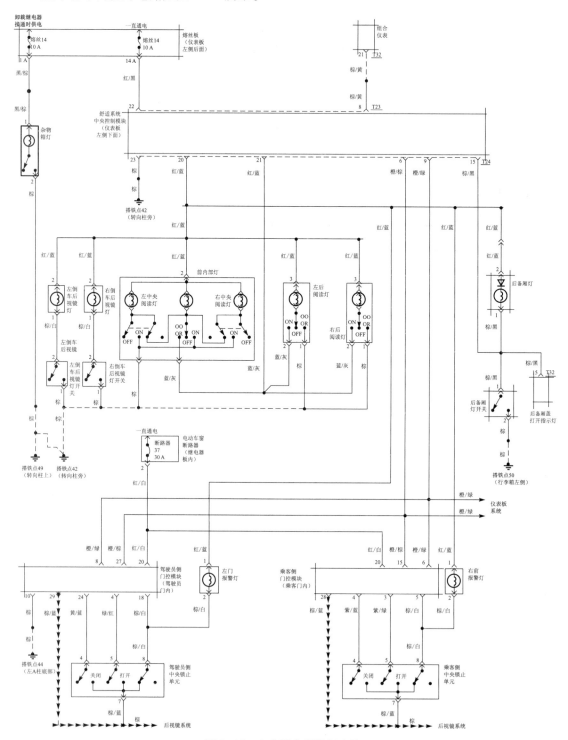

图 3-46 宝来轿车门控灯电路

（6）背光灯电路

宝来轿车背光灯电路如图 3-47 所示。

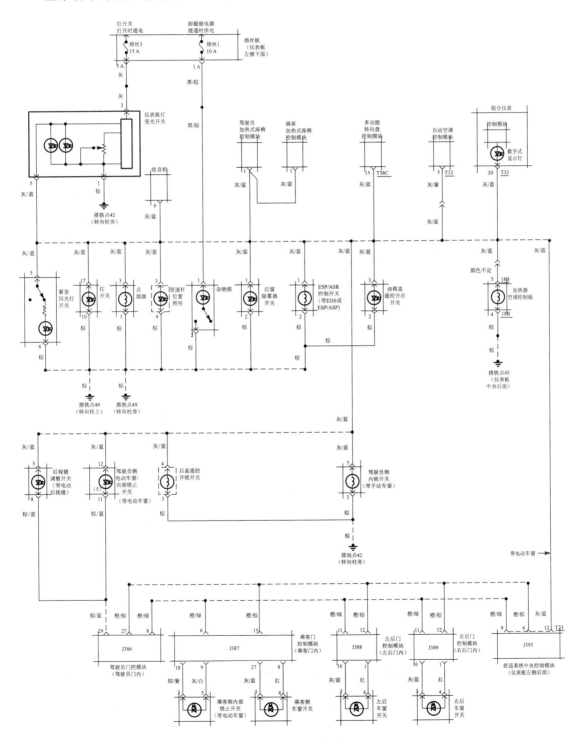

图 3-47 宝来轿车背光灯电路

（7）电动座椅电路

宝来轿车的电动座椅具有记忆功能，电路如图 3-48~图 3-50 所示。

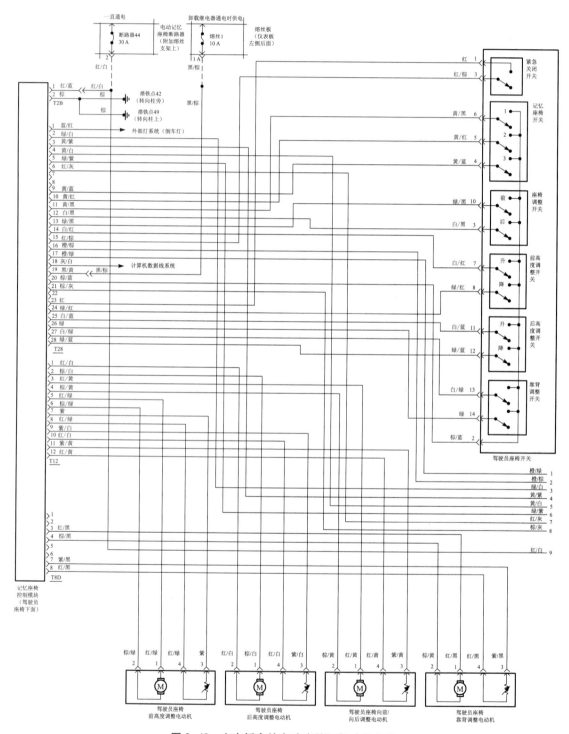

图 3-48　宝来轿车的电动座椅记忆功能电路

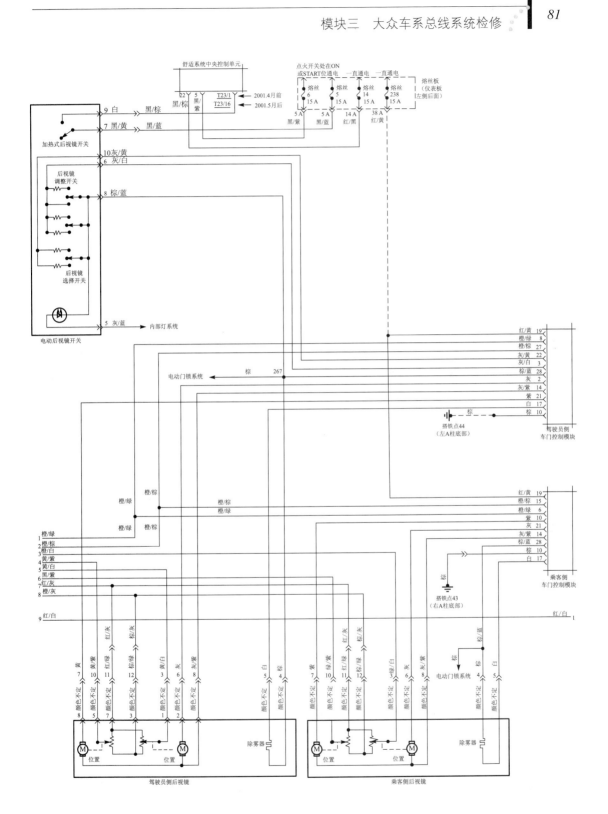

图 3-49　宝来轿车的电动座椅记忆功能电路（续）

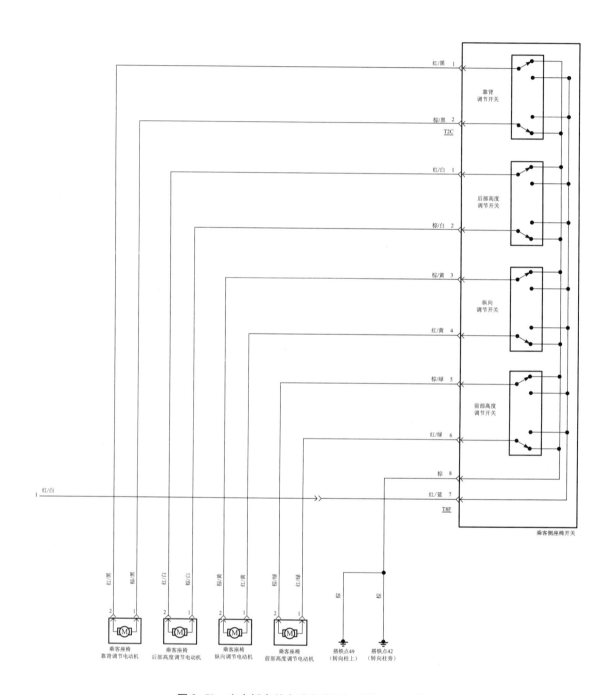

图 3-50 宝来轿车的电动座椅记忆功能电路（续）

2. 宝来轿车舒适 CAN 网络的电路特点

宝来轿车安装总线系统，其电路特点与传统的大众车系电路相比具有下列特色：

（1）供电

舒适系统供电图如图 3-51 所示。

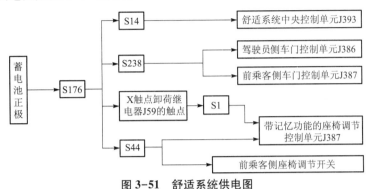

图 3-51　舒适系统供电图

① 通过开关及仪表照明变光开光供电。例如：宝来轿车背光灯电路中（图 3-47），仪表照明变光开关端子 5（仪表板照明灯变光开关输出端）是所有开关照明和仪表照明的公共供电点，它是进行开关及仪表照明灯故障诊断的关键点。

② 通过电控单元供电。例如：舒适系统电控单元 J393 的 20 端子是所有门控灯（阅读门控功能）的共用供电点，它是进行门控灯故障诊断的关键点，J393 供电示意图如图 3-52 所示。

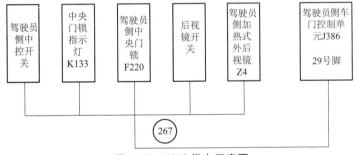

图 3-52　J393 供电示意图

（2）搭铁

① 直接搭铁。如图 3-53 所示，铰接点 128 是所有阅读灯照明的共用搭铁连接点，是进行阅读灯故障分析的关键点。

② 通过电控单元搭铁。如图 3-54 所示，铰接点 B129 是所有门控灯（阅读灯门控功能）的共用搭铁连接点，因此它是进行门控灯故障分析的关键点。

3.4.2　宝来轿车动力系统 CAN 网络

1. 动力系统 CAN 总线的组成

宝来轿车动力系统 CAN 总线的控制单元包括发动机控制单元、自动变速器控制单元、ABS/EDL 控制单元、转向角传感器、四轮驱动控制单元、安全气囊控制单元、仪表控制单元（内置网关），如图 3-55 所示。

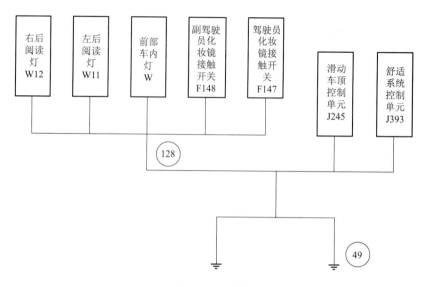

图 3-53 灯内部直接搭铁

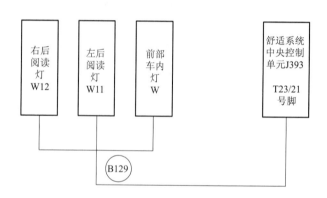

图 3-54 控制单元搭铁

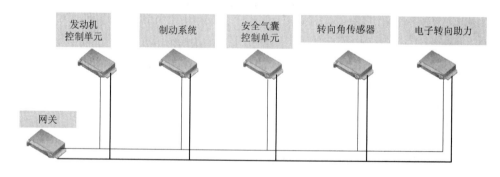

图 3-55 动力系统 CAN 总线网络

2. 动力 CAN 总线系统的电路

宝来轿车动力 CAN 总线的发动机控制单元、自动变速器控制单元的信息传递见图 3-56。

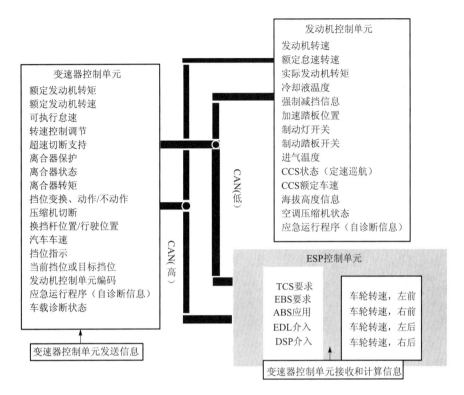

图 3-56 发动机控制单元、自动变速器控制单元的信息传递

3.5 大众车系车载网络的检测及故障诊断

3.5.1 大众车系车载网络的检测

1. 大众车系车载网络的检测步骤

通过对大众车载网络传输系统故障的分析，可以总结出该系统一般诊断步骤：

① 了解该车型的车载网络系统传输特点（包括传输介质、几种子网及车载网络传输系统的机构形式等）。

② 检测车载网络系统传输的功能，如有无唤醒功能和睡眠功能等。

③ 检查汽车电源系统是否存在故障，如交流发电机的输出波形是否正常（若不正常将导致信号干扰等故障）等。

④ 检查车载网络系统传输的链路是否存在故障，采用替换法或采用跨线法进行检测。

⑤ 如果是节点故障，只能采用替换法进行检测。

2. 双线式车载网络传输系统的检测方法

在检查 CAN 总线系统传输系统前，必须保证所有与车载网络传输系统相连的控制单元无功能故障。功能故障指不会直接影响车载网络传输系统，但会影响某一系统的功能流程的故障。例如传感器损坏，其结果就是传感器信号不能通过车载网络传输系统传递。这种功能故障对车载网络传输系统有间接影响。这会影响需要该传感器信号的控制单元的通信，如果存在功能故障，先排除该故障。记下该故障并消除所有控制单元的故障代码，排除所有功能故障后，如果控制单元间数据传递仍不正常，检查车载网络传输系统。检查车载网络传输系统时，必须区分以下两种可能的情况：

（1）两个控制单元组成的双线式数据总线系统的检测

检测时，关闭点火开关，断开两个控制单元，如图3-57所示。

检查车载网络传输系统是否断路、短路或对正极/搭铁短路。如果车载网络传输系统无故障，则更换一个控制单元。如果车载网络传输系统仍不能正常工作，则更换另一个控制单元。

（2）三个或更多控制单元组成的双线式车载网络传输系统的检测

检测时，先读出控制单元内的故障代码，如图3-58所示。如果控制单元1与控制单元2和控制单元3之间无通信，关闭点火开关，断开与车载网络传输系统相连的控制单元，检查车载网络传输系统是否断路。

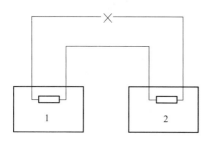

图3-57　两个控制单元之间短路

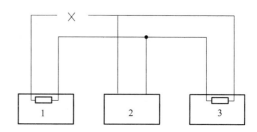

图3-58　三个控制单元双绞线检测

如果车载网络传输系统无故障，更换控制单元1。如果所有控制单元均不能发送和接收信号（故障存储器存储"硬件故障"），则关闭点火开关，断开与网络传输系统相连的所有控制单元，检测车载网络传输系统是否短路，是否对正极/搭铁短路。

如果车载网络传输系统上查不出引起硬件损坏的原因，检查是否某一控制单元引起该故障。断开所有通过CAN车载网络传输系统传递数据的控制单元，关闭点火开关，接上其中一个控制单元，连接VAG 1551或VAG 1552，打开点火开关，清除刚接上的控制单元的故障代码。用功能06来结束输出，关闭点火开关再打开点火开关，打开点火开关10 s后用故障阅读仪读出刚接上控制单元故障存储器内的内容。如显示"硬件损坏"，则更换刚接上的控制单元；如果未显示"硬件损坏"，则接上下一个控制单元，重复上述过程。

3. CAN数据总线的万用表检测

CAN数据总线可以采用数字万用表进行电压信号测试，判断数据总线的信号传输是否存在故障，检测方法如图3-59所示。

用万用表电阻挡测量CAN-H线和CAN-L线之间的电阻，正常情况下应该有一个规定的电阻（电阻大小随车型而异），不应直接导通；用万用表电阻挡测量CAN-H线或CAN-L线分别与搭铁或蓄电池正极之间的导通性，正常情况下应不导通。

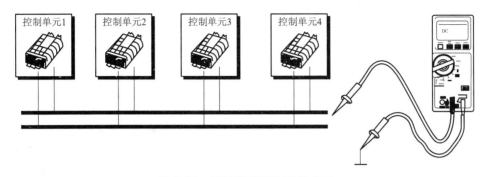

图 3-59 用万用表检测 CAN 总线

（1）用万用表检测动力系统 CAN 总线

CAN-H 线上有信号传输时，总线上的电压值在 2.5~3.5 V 高频波动，因此 CAN-L 线的主体电压应是 2.5 V，所以万用表的测量值为 2.5~3.5 V，大于 2.5 V 但靠近 2.5 V。

同理，CAN-L 线信号在总线空闲时的电压约为 2.5 V，总线上有信号传输时，总线上的电压值在 2.5~1.5 V 高频波动，因此 CAN-L 线的主体电压应是 2.5 V，所以万用表的测量值为 1.5~2.5 V，小于 2.5 V 但靠近 2.5 V。

（2）用万用表测量舒适系统 CAN 总线

CAN-H 线信号在总线空闲时的电压约为 0 V，总线上有信号传输时，总线上的电压值在 0~5 V 高频波动，因此 CAN-H 线的主体电压应为 0 V，所以万用表的测量值为 0.35 V 左右。

同理，CAN-L 线信号在总线空闲时的电压约为 5 V，总线上有信号传输时，总线上的电压值在 5~0 V 高频波动，因此 CAN-L 线的主体电压应是 5 V，所以万用表的测量值为 4.65 V 左右。

4. VAS 5051 总线的波形检测

双通道模式 CAN 数据总线波形必须采用带有双通道示波器或检测仪，例如 VAS 5051 进行检测，可根据故障波形判断出总线系统故障的类型。

（1）检测电路连接

检测电路连接如图 3-60 所示。

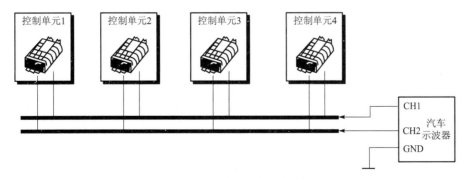

图 3-60 双通道模式检测电路连接

（2）CAN 数据总线波形

CAN 数据总线的标准波形如图 3-61 所示。

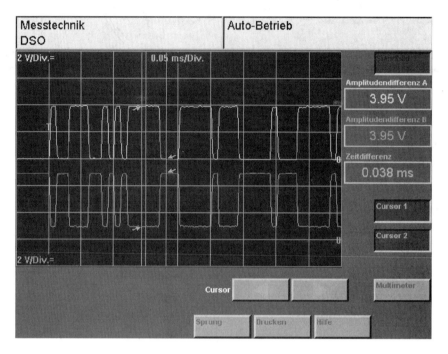

图 3-61　CAN 数据总线的标准波形

　　① CAN 数据总线搭铁短路时的信号故障波形。当 CAN 数据总线搭铁短路时如图 3-62（a）所示，检测到的 CAN 数据总线的信号波形如图 3-62（b）所示。

　　② CAN 数据总线对正极短路时的信号故障波形。当 CAN 数据总线对正极短路时如图 3-63（a）所示，检测到的 CAN 数据总线的信号波形如图 3-63（b）所示。

　　③ CAN-L 断路时的信号故障波形。当 CAN 数据总线 CAN-L 断路时如图 3-64（a）所示，检测到的 CAN 数据总线的信号波形如图 3-64（b）所示。

　　④ CAN-H 断路时的信号故障波形。当 CAN 数据总线 CAN-H 断路时如图 3-65（a）所示，检测到的 CAN 数据总线的信号波形如图 3-65（b）所示。

　　⑤ CAN-H 和 CAN-L 短路时的信号故障波形。当 CAN-H 和 CAN-L 短路时如图 3-66（a）所示，检测到的 CAN 数据总线的信号波形如图 3-66（b）所示。

　　⑥ CAN-H 和 CAN-L 交叉连接时的信号故障波形。CAN-H 和 CAN-L 交叉连接时如图 3-67（a）所示，检测到的 CAN 数据总线的信号波形如图 3-67（b）所示。

　　⑦ CAN 数据总线处于睡眠模式时的信号波形。当 CAN 数据总线处于睡眠模式时，检测到的 CAN 数据总线的信号波形如图 3-68 所示。

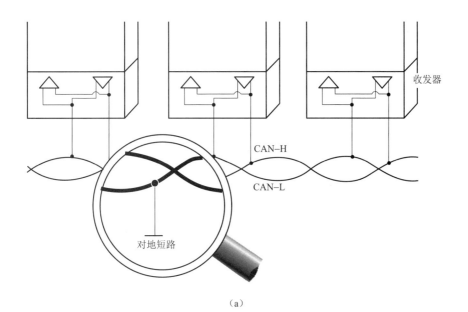

（a）

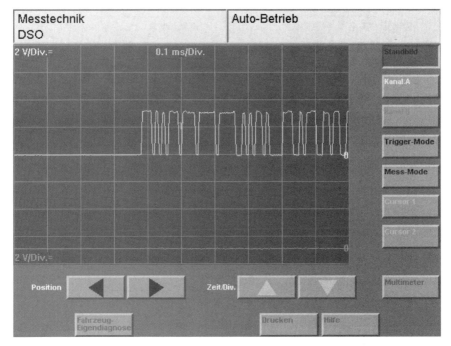

（b）

图 3-62 CAN 数据总线搭铁短路及其信号波形

（a）CAN 数据总线搭铁短路；（b）CAN 数据总线搭铁短路时的信号波形

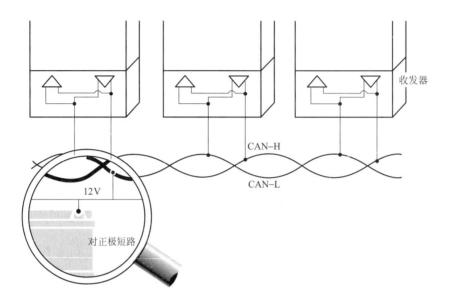

（a）

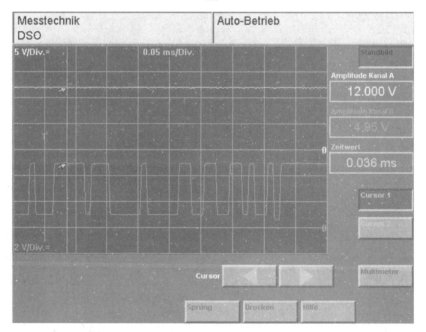

（b）

图 3-63　CAN 数据总线对正极短路及其信号波形

（a）CAN 数据总线对正极短路；（b）CAN 数据总线对正极短路时的信号波形

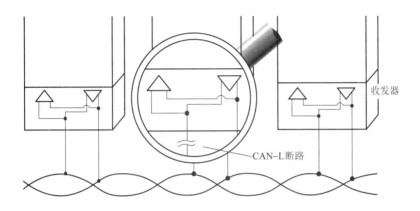

（a）

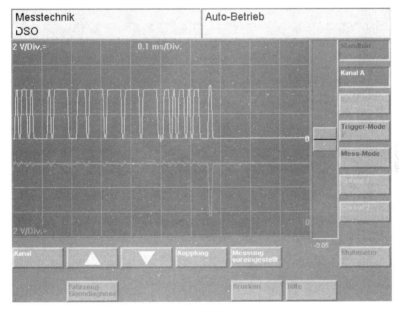

（b）

图 3-64　CAN-L 断路及 CAN 数据总线信号波形

（a）CAN-L 断路；（b）CAN-L 断路时 CAN 数据总线的信号波形

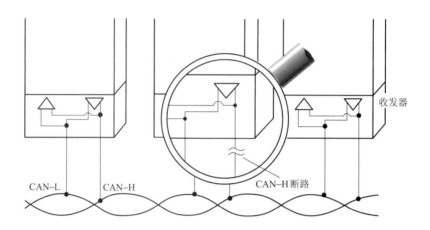

（a）

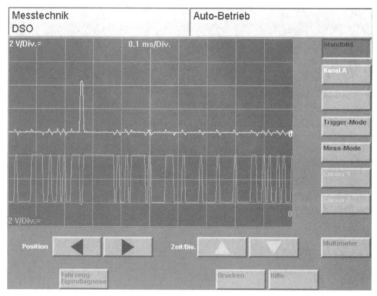

（b）

图 3-65　CAN-H 断路及 CAN 数据总线信号波形

（a）CAN-H 断路；（b）CAN-H 断路时 CAN 数据总线的信号波形

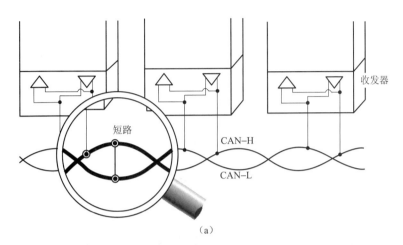

（a）

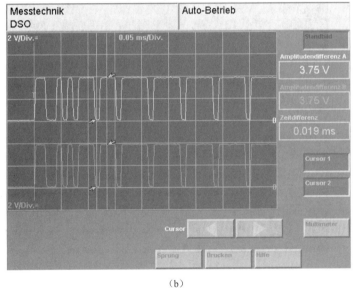

（b）

图 3-66　CAN-H 和 CAN-L 短路及 CAN 数据总线信号波形

（a）CAN-H 和 CAN-L 短路；

（b）CAN-H 和 CAN-L 短路时 CAN 数据总线的信号波形

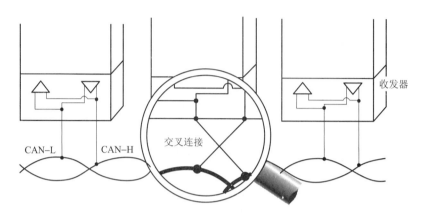

（a）

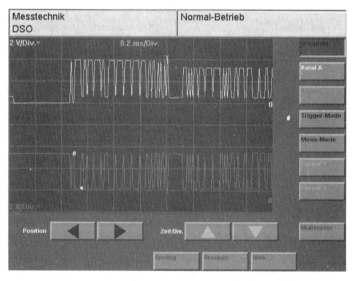

（b）

图 3-67　CAN-H 和 CAN-L 交叉连接及 CAN 数据总线信号波形

（a）CAN-H 和 CAN-L 交叉连接；

（b）CAN-H 和 CAN-L 交叉连接时 CAN 数据总线的信号波形

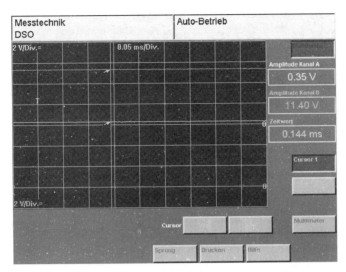

图 3-68　CAN 数据总线处于睡眠模式时的信号波形

3.5.2　故障案例

1. 迈腾轿车电子机械式驻车制动器控制单元 J540 唤醒导线故障

（1）故障现象

仪表上电子驻车制动器和驻车制动器故障指示灯 K214 点亮。用 VAS 5051 读取故障码，在 53-J540 中的故障码为电子驻车制动器 ECU 唤醒导线对正极短路；03-J104 中的故障码为电子驻车制动器 ECU 信号不可靠；25 中的故障码为 ESP 信号不稳定。

后两个故障为偶发性故障，清除故障后连续打开或关闭点火开关时，故障不再出现。但当关闭点火开关几分钟后，打开点火开关会再次出现同样故障码。

图 3-69 所示为电子驻车系统与 ESP 控制单元电路，图 3-70 所示为控制单元及 CAN 网络连接图。

（2）故障原因

① 唤醒线故障。

② 电控单元故障。

唤醒是指唤醒舒适系统 CAN 睡眠功能，一旦唤醒必须随时保证立即工作，供电电源不受点火开关电源控制，所以需要 CAN-L 较长时间为 6 V 左右电压，对舒适系统 CAN 进行唤醒，但是不需要单独唤醒线。动力 CAN 的工作受 15 线正电控制，即打开点火开关后所有与动力 CAN 连接的控制单元都工作，无唤醒。

电子驻车制动系统 CAN，关闭点火开关后，理论上 J104 应该停止工作，但是此时电子驻车制动系统仍需工作，如果此时按下驻车制动开关，J540 要将此信号传递给 J104，即要通过唤醒线进行唤醒，等 J104 工作后才通过驻车系统 CAN 发送信号。因此，如果唤醒线有故障，不能唤醒 J104，就可能在关闭点火开关几分钟后出现故障码。

（3）故障诊断与排除

① 用万用表着重检测 J540 中的 T30/6 线是否正常、是否导通、是否对搭铁/电源短路，如图 3-69 所示。

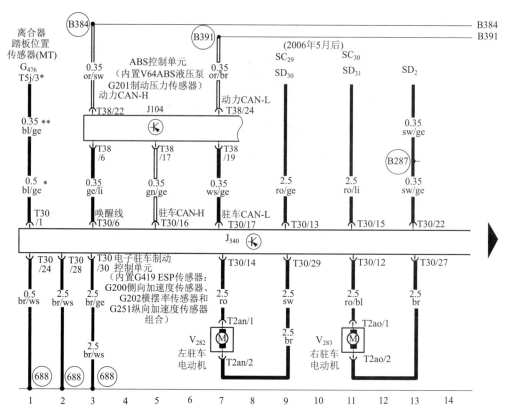

图 3-69　电子驻车系统与 ESP 控制单元电路

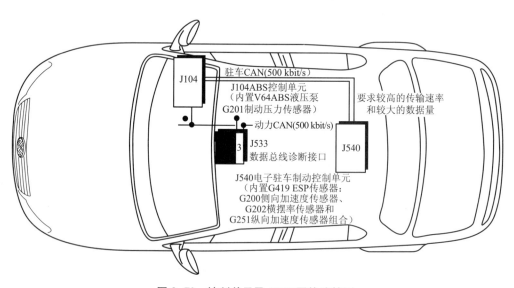

图 3-70　控制单元及 CAN 网络连接图

　　② 断开 J540 控制单元的插头，关闭点火开关几分钟后重新读故障码。如果此时在 25 中没有出现"ESP 信号不可靠"的故障码，则应为 J540 故障。

③ 更换 J540 后故障排除。

2. 宝来轿车仪表板上 ABS 故障灯常亮

（1）故障车型

宝来轿车 1.6 L，自动挡。

（2）故障现象

仪表板上 ABS 故障警告灯常亮。

（3）故障诊断与排除

连接 VAS 5051 查询 ABS 控制单元 J104 的故障码，发现该系统进不去；发动机控制单元有 1 个故障码 18057，动力系统数据总线丢失（来自 ABS 控制单元信息）。

查询自动变速器、安全气囊和网关都有同一个故障码 01316，ABS 控制单元没有通信。根据故障码分析，可能是 ABS 控制单元的两根 CAN 总线断路，由于宝来轿车动力系统包括发动机、ABS，自动变速器的 CAN 总线电路采用公共节点式连接，有一个控制单元断开，其他控制单元可以正常通信，并且不支持单线工作模式，于是检查 ABS 控制单元 J104 的 CAN-H 和 CAN-L 是否断路。拆下空调滤清器盖板，拔下自动变速器控制单元插头，再拔下 ABS 控制单元，用万用表测量两根数据总线，发现两根线导通正常。查看电路图分析，如图 3-71 所示，ABS 控制单元是通过 K 线进行自诊断通信的，可能是 ABS 控制单元 J104 到诊断接口的 K 线断路，或 ABS 控制单元的电源或搭铁断路，导致控制单元无法正常工作。于是先检查 K 线，正常；再检查控制单元电源熔断器（S179 和 S178），正常；检查左纵梁前部的搭铁点 65 时，发现固定螺栓松动，见图 3-72 中搭铁点 B，而 ABS 控制单元 J104 只有两根搭铁线，正好都是在这个搭铁点上固定的，拧紧搭铁线后故障排除。

3. 宝来轿车 ABS 和 ASR 故障警告灯亮

（1）故障车型

宝来 1.8 T 轿车。

（2）故障现象

ABS 和 ASR（电控防滑装置）的故障警告灯亮，同时制动警告灯也不停地闪亮。

（3）故障诊断与排除

用 VAS 5052 对系统进行诊断，发现该系统内有一个故障码 18057 数据总线 ABS 控制单元的信息。

初步分析，造成此故障的主要原因有两个：

① ABS 和 ASR 系统电源线或搭铁不良。

② ABS 和 ASR 控制单元故障，检查熔断器。

ABS 制动系统熔断器：

S180（30 A）——空调风扇熔断器。

S162（50 A）——二次空气泵熔断器。

S163（50 A）——燃油泵继电器供电熔断器。

S164（40 A）——组合仪表熔断器。

S176（110 A）——内部装备供电线熔断器。

S177（110 A）——发电机熔断器。

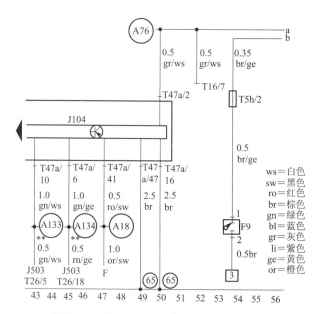

图 3-71 带 EDS/ASR 控制系统部分电路

F—制动灯开关；F9—驻车制动器指示灯开关；J104—ABS/带 EDS、ASR 的 ABS 控制单元，在发动机舱左侧；

J503—带显示器的控制单元（用于收音机和导航系统）；T5h—插头，5 针，在左侧 A 柱下部附近，缠在线束内；

T16—插头，6 针，在仪表板中后部，自诊断接口；T26—插头，26 针；

T47—插头，47 针；＊＊—仅有导航系统的轿车

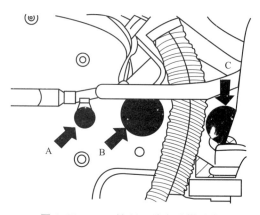

图 3-72 ABS 控制系统电路搭铁点

A—1 号搭铁点；B—65 号搭铁点；C—12 号搭铁点

　　检查发现，蓄电池主熔断器外部的一个插头松动，而 ABS 制动系统的电源线正好经此熔断器至 ABS 制动系统控制单元，将插头固定牢固，故障排除。

　　宝来轿车的各控制单元之间通过两根 CAN 总线连接，这种结构与其他车型控制单元之间通过多根电缆连接或某些控制单元间相互连接不同。各控制单元通过两根电缆可以使数据按顺序传给相应的控制单元，控制单元通过总线进行通信交换数据。该例故障原因是，ABS 和 ASR 控制单元因工作电源中断而无法工作。

4. 宝来轿车电动玻璃升降及电动后视镜全部不起作用

（1）故障车型

宝来轿车 1.6 L，手动变速器。

（2）故障现象

电动玻璃升降及电动后视镜全部不起作用，里程 1 000 km。

（3）故障诊断与排除

接到车后，检查到 4 个车门升降器都不起作用，且打开示廓灯按键时指示灯也不亮。首先，怀疑玻璃升降器的熔断器烧断，测得 14 号熔丝正常。

拆下左前门内饰，测左前玻璃升降器有电源、有搭铁。更换该升降器及升降器开关后故障依旧，但发现这样一个奇怪的现象：当断开其他车门玻璃升降器插头及开关插头后再接上，该车门玻璃升降开关能独立控制该升降器，但主控制开关（左前门）控制不了，且指示灯都不亮，待静止 2 min 后，故障依然存在。

既然 4 个车门可以短时间控制玻璃升降，说明 4 个车门升降电源线路应该是正常的。针对故障是否出在各控制单元相连的记忆部分及数据线路上，利用 VAG 1552 进入"46"舒适系统检测，但无法进入该系统。于是更换舒适系统控制单元，该控制单元位于仪表下部，检测仍然无法进入系统。由电路图可知，各控制单元都有"BUS"线与防盗控制单元（即仪表总成）相连，于是从地址码 17 查得故障为"数据线 BUS 线对搭铁短路"。

用万用表测左前升降器插头的两根"BUS"线均搭铁，阻值均为 0.01 Ω，再测量其他 3 门的"BUS"线同样搭铁，于是将仪表台拆下，在副气囊前横梁上的线束中找到 4 个车门的"BUS"线接头，维修手册中是严禁断开"BUS"线的，如果不断开各门的"BUS"线，就无法测出是哪一门搭铁。仔细看"BUS"线接头，它是用压力钳压紧的，将该接点撬开，"BUS"线在此分为 5 组，每组 2 根，1 组到仪表，另 4 组分别到 4 个门控制器，每组分别检测，结果发现左后门"BUS"线搭铁。拆检左后门这条"BUS"线得知，原来在新车加装后门喇叭时（该车型两后车门喇叭是空的），"BUS"线被紧固喇叭的螺栓紧固在车门板上，造成搭铁。将"BUS"线剥离，重新用防水胶布包扎好，对于"BUS"线总接头用砂纸打磨后，再用电烙铁焊好、包扎，全部工作完毕。用 VAG 1552 可进入"46"舒适系统，无故障码，电动玻璃及后视镜完全正常，打开开关，各指示灯都亮。至此，该故障完全排除。

对于新车维修，一般考虑控制器或执行元件线路不会有大问题。但对于做过装饰和加装设备的车就不同了，由于加装水平参差不齐，往往会造成一些线路故障，给维修带来种种不便。

5. 宝来轿车仪表损坏导致遥控器有时失效

（1）故障车型

宝来 1.8 L 轿车。

（2）故障现象

用遥控器开或锁车门时有时不起作用。

（3）故障诊断与排除

维修人员查询故障码为 01330（舒适系统的中央控制单元 J393 损坏），检查线路没有发现任何异常问题，于是更换舒适系统的中央控制单元，再查询故障没有故障信息存在。可是，没过多久又出现同样的故障。

由于再次查询故障码时已没有故障信息存在，线路和数据流中的数据无异常，而故障一时又不能出现，在没有查到故障原因时，考虑到数据传递是否有误。于是用 VAS 5051 对舒适系统 CAN 数据线进行波形分析，发现 CAN-L 线信号波形不正确，其波形如图 3-73 所示。

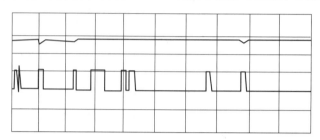

图 3-73   CAN-L 线信号波形

从波形图分析可以看出，导致此波形出现有线路、控制单元故障。而在进行线路检查时没有发现任何异常问题，于是对舒适系统中的各控制单元进行"拔插头"方法来观察波形的变化，经检查均没发现问题。由此判断问题出在 J519 上，而网关系统在组合仪表内，于是更换组合仪表，再用 VAS 5051 对舒适系统 CAN 数据线进行波形分析，其波形如图 3-74 所示，变成双线运行的波形（正常波形），说明此故障出在 J519 上。

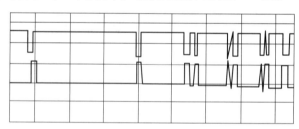

图 3-74   更换组合仪表后 CAN 数据线信号波形图

【任务实施】

任务一   迈腾轿车总线网络认知

任务要求：

1. 通过任务实施，让学员能够掌握迈腾轿车舒适总线网络拓扑。
2. 使用万用表正确检测舒适总线电路。
3. 使用示波器测试舒适总线的波形。

（Magotan B7L 2012 电路图）

（Magotan B8L 2016 电路图）

任务工单：

任课教师		学时	
班级		学生姓名	
模块	模块三 大众车系总线系统检修	学习时间	
任务	迈腾轿车总线网络认知	学习地点	
仪器与设备	VAS6150、VAS6356、FSA740、万用表、迈腾轿车		
参考资料	迈腾轿车 B7L、B8L 轿车维修手册及电路图		
课堂学习	1. 下图为迈腾 B8L 轿车网络拓扑图（查询资料完成下列问题）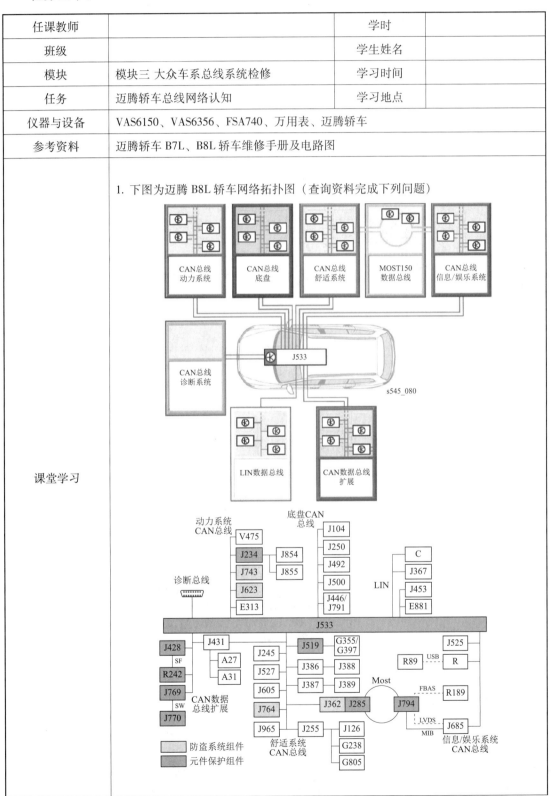		

课堂学习	（1）动力系统 CAN 总线网络的控制单元名称（汉语） 有 _____ （2）底盘 CAN 总线网络的控制单元名称（汉语） 有 _____ （3）舒适系统 CAN 总线网络的控制单元名称（汉语） 有 _____ （4）信息/娱乐系统 CAN 总线网络的控制单元名称（汉语） 有 _____ （5）防盗系统 CAN 总线网络的控制单元名称（汉语） 有 _____

2. 查询资料补齐下表

迈腾 B8L 网络传输速率

1	局域网总线	电源供电线	传输速率/（kbit·s^{-1}）
2	动力系统 CAN 总线	15	
3	底盘 CAN 总线	15	500
4	舒适系统 CAN 总线		
5	MOST150 光纤数据总线		150
6	信息/娱乐系统 CAN 总线		
7	诊断系统 CAN 总线		500
8	LIN 数据总线		19.2
9	CAN 数据总线扩展		

迈腾 B7L 网络传输速率

1	局域网总线	电源供电线	传输速率/（kbit·s^{-1}）
2	动力系统总线		
3	舒适系统总线		100
4	信息系统总线		
5	诊断系统总线	30	500
6	仪表系统总线	15	

3. 下图为诊断总线诊断插头示意图补齐下表

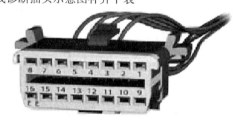

针脚号	对应的线束	针脚号	对应的线束
1	15 号线	7	K 线
4		14	CAN 低线
5		15	L 线
6		16	30 号线

注：未标明的针脚号暂未使用

思考	如何消除网络干扰

任务二　迈腾轿车舒适总线的检测

任务要求：

1. 通过任务实施，让学员能够正确分析舒适总线系统波形。

2. 正确使用示波器测量舒适总线波形。

3. 能够诊断网络故障。

任务工单：

任课教师		学时	
班级		学生姓名	
模块	模块三 大众车系总线系统检修	学习时间	
任务	迈腾轿车总线网络认知	学习地点	
仪器与设备	VAS6150、VAS6356、FSA740　万用表 迈腾轿车		
参考资料	迈腾轿车 B7L、B8L 轿车维修手册及电路图		
课堂学习	1. 下列波形为舒适系统标准波形 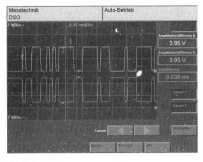 CAN-H 和 CAN-L 的显性电压应为 _____ V。 隐性状态下 CAN-H 和 CAN-L 的隐性电压为 _____ V。 CAN-H 和 CAN-L 显性电平差应为 _____ V。 2. 下列波形为舒适系统故障波形 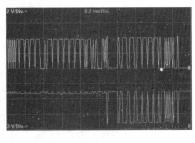 故障类型是 _____		

续表

课堂学习	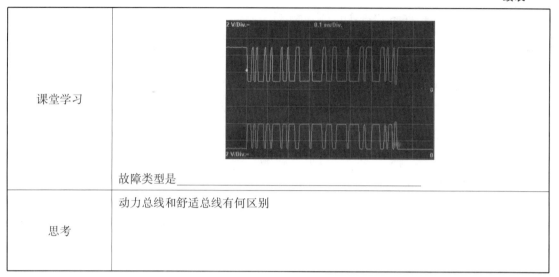 故障类型是 _____
思考	动力总线和舒适总线有何区别

任务三　迈腾轿车动力总线的检测

（CAN 动力总线
波形测量）

任务要求：

1. 通过任务实施，让学员能够正确分析舒适总线系统波形。
2. 正确使用示波器测量舒适总线波形。
3. 能够诊断网络故障。

任务工单：

任课教师		学时	
班级		学生姓名	
模块	模块三 大众车系总线系统检修	学习时间	
任务	迈腾轿车总线网络认知	学习地点	
仪器与设备	VAS6150、VAS6356、FSA740　万用表 迈腾轿车		
参考资料	迈腾轿车 B7L、B8L 轿车维修手册及电路图		
课堂学习	1. 下列波形为舒适系统标准波形		

续表

课堂学习	故障类型是_____ 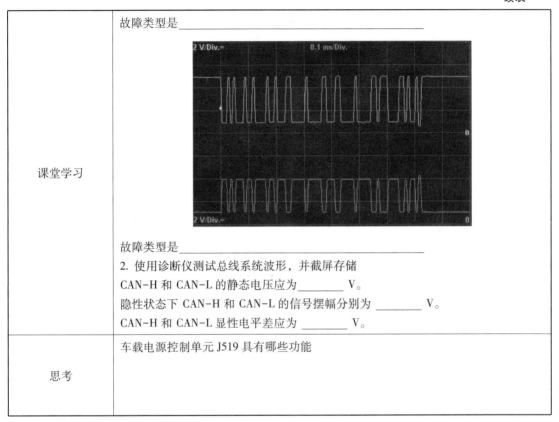 故障类型是_____ 2. 使用诊断仪测试总线系统波形，并截屏存储 CAN-H 和 CAN-L 的静态电压应为 _____ V。 隐性状态下 CAN-H 和 CAN-L 的信号摆幅分别为 _____ V。 CAN-H 和 CAN-L 显性电平差应为 _____ V。
思考	车载电源控制单元 J519 具有哪些功能

🚗 小结

（微课 章节测试答疑）

1. 大众车系 CAN 总线系统设定为 5 个不同的区域，分别为动力（驱动）系统、舒适系统、信息系统、仪表系统、诊断系统 5 个局域网，它们的传输速率是不同的。

2. 采用双绞线可以消除外界的干扰和对外界的干扰。

3. 动力系统 CAN 总线和舒适/信息系统 CAN 总线输出隐性电压和显性电压是不同的。

4. 舒适/信息系统 CAN 总线可以采用单线输出，执行元件可以工作，但有故障记忆，动力系统 CAN 总线不能以单线模式工作。

5. 迈腾轿车总线网络系统包括动力系统 CAN 总线、舒适系统 CAN 总线、信息娱乐系统 CAN 总线、诊断系统 CAN 总线、仪表系统 CAN 总线等几个网络。

6. 迈腾轿车动力系统 CAN 总线系统网络的控制单元包括发动机控制单元、四轮驱动控制单元、自动变速器控制单元、ABS 控制单元、安全气囊控制单元、助力转向控制单元、换挡杆传感器控制单元、前照灯控制单元、转向柱控制单元。

7. 迈腾轿车舒适系统 CAN 总线系统网络包括车载电源控制单元、拖车控制单元、座椅记忆控制单元、停车辅助控制单元、后备厢盖控制单元、转向柱控制单元、空调控制单元、驻车加热控制单元、车门控制单元。

8. 迈腾轿车信息/娱乐系统 CAN 总线网络控制单元包括收音机（导航控制单元）、电话准备系统控制单元、数字音响控制单元、驻车加热控制单元、电话控制单元。

9. 迈腾轿车 LIN 数据总线采用单线主、从控制器控制，车内监控传感器 G273、车辆侧倾传感器 G384、报警喇叭 H12 通过主控单元（舒适系统中央控制单元 J393）向总线系统发送传感器信号，同时也通过主控单元接收控制信号。

10. 迈腾轿车网关 J533 具有主控制器功能，控制动力系统总线的 15 信号线运输模式和舒适系统总线的睡眠和唤醒模式。

11. 迈腾轿车车载电源控制单元 J519 具有以下功能：灯光控制、刮水器控制、负荷管理、端子控制、燃油泵预供油控制。

12. 宝来舒适系统 CAN 总线系统包括舒适系统中央控制单元、轮胎监测控制单元、驻车加热控制单元、空调控制单元、挂车识别控制单元、停车辅助控制单元、座椅调节控制单元、车门控制单元。

13. 宝来轿车动力系统 CAN 总线的控制单元包括发动机控制单元、自动变速器控制单元、ABS/EDL 控制单元、转向角传感器、四轮驱动控制单元、安全气囊控制单元、仪表控制单元（内置网关）。

 习题

1. 画出下列信号的动力系统总线波形。
   11101010111　　00011111001
2. 画出下列信号舒适系统总线的波形。
   01010111110　　1100110011
3. 分析宝来轿车舒适系统 CAN 总线电路，并熟悉各控制单元的功能。
4. 分析宝来轿车动力系统 CAN 总线电路，并熟悉各控制单元的功能。
5. 迈腾轿车动力系统 CAN 总线系统包括哪些控制单元？
6. 迈腾轿车舒适系统 CAN 总线系统包括哪些控制单元？
7. 车载电源控制单元 J519 具有哪些功能？

模块四

奥迪 A6 轿车总线系统检修

【能力目标】

知识目标	1. 掌握奥迪轿车 CAN 总线网络的特点 2. 掌握 LIN 总线总线的应用 3. 掌握奥迪 A6L 轿车 MOST 总线控制单元的功用和执行元件结构 4. 掌握奥迪 A6L 防盗系统工作原理
技能目标	1. 能够使用示波器正确测量 LIN 总线系统的波形 2. 能够正确分析 LIN 总线系统的波形 3. 能够正确诊断总线系统故障
素质目标	1. 具有安全意识、环保意识、法律意识 2. 具有良好的团队合作精神，以客户为中心，敬客经营的职业精神 3. 具有严谨、规范、精益求精的大国工匠精神 4. 培养技能救国、技能兴国的理念以及科技报国的家国情怀和使命担当 5. 具有正确的劳动观点和劳动态度以及爱岗敬业、吃苦耐劳的精神

【任务描述】

一辆 2015 年生产的奥迪 A6L 轿车，行驶里程 6 万公里，用户反映该车雨刮器不能正常使用，需要维修人员对车辆进行维修，并向用户解释原因。

【必备知识】

随着人们对车辆的操控性和舒适性要求越来越高，车上使用的电子部件越来越多，各个控制单元之间的数据传递就要求采用新的传送通道。但 CAN 数据总线系统不能完全满足数据传输性能的多样化要求，因此奥迪 A6 轿车采用多种新型的网络数据总线传输系统，例如图 4-1、图 4-2 所示为奥迪 A6 轿车车载网络控制单元。LIN、MOST、Blue tooth 等新型总线传输系统车载网络拓扑如图 4-3 所示。

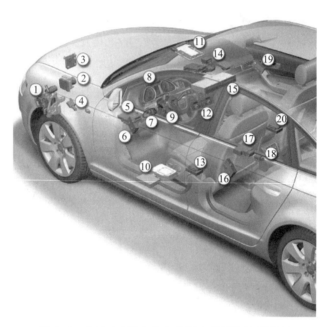

图 4-1　奥迪 A6 轿车车身前部车载网络控制单元

1—辅助加热控制单元 J364；2—带 EDS 的 ABS 控制单元 J104；

3—车距调节控制单元 J428；4—左前轮轮胎压力监控发射元件 G431

（在车轮拱形板内）；5—供电控制单元 J519；6—驾驶员车门控制单元 J386；

7—使用和起动授权控制单元 J518；8—组合仪表内控制单元 J285；

9—转向柱电气控制单元 J527；10—电话、Telematik 控制单元 J526、

电话发送和接收器 R36；11—发动机控制单元 J623；

12—全自动空调控制单元 J255；13—有记忆功能的座椅调节/

转向柱调节控制单元 J136；14—水平调节控制单元 J197、

前照灯照程调节控制单元 J431、轮胎压力监控控制单元 J502、

供电控制单元 2 J520、前部信息系统显示和操纵控制单元 J523、

数据总线诊断接口 J533、无钥匙式起动授权天线读入单元 J723；

15—CD 换碟机 R41、CD 播放机 R92；16—左后车门控制单元 J388；

17—安全气囊控制单元 J234；18—车身转动速率传感器 G202；

19—前乘客侧车门控制单元 J387；20—前乘客侧带记忆功能的

座椅调节控制单元 J521

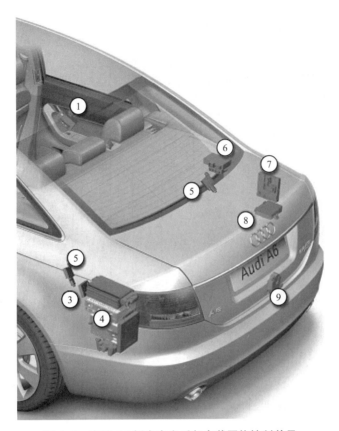

图 4-2 奥迪 A6 轿车车身后部车载网络控制单元
1—右后车门控制单元 J389；2—左后轮轮胎压力监控发射元件 G433（在车轮拱形板内）；
3—驻车加热无线电接收器 R64；4—带有 CD 播放机的导航控制单元 J401、语音输入控制单元 J507、
数字音响包控制单元 J525、收音机 R、TV 调谐器 R78、数字收音机 R147；5—右后轮轮胎压力监控发射元件 G434
（在车轮拱形板内）；6—停车辅助系统控制单元 J446、挂车识别控制单元 J345；7—舒适系统中央控制单元 J393；
8—电动驻车/手制动器控制单元 J540；9—电能管理控制单元 J644

4.1 CAN 总 线

4.1.1 驱动系统 CAN 总线

1. 驱动系统 CAN 总线组成

如图 4-4 所示，驱动系统 CAN 总线连接发动机控制单元、变速器控制单元、制动 ESP 控制单元、安全气囊控制单元、电子驻车制动控制单元、前照灯照程调节系统控制单元等。

点火开关断开后，CAN 通信一直有效，通信断路时（如拔下插头或某一控制单元供电断路）会产生故障记忆，在重新连接正常后，必须删除所有控制单元的故障存储后才可以正常运行。

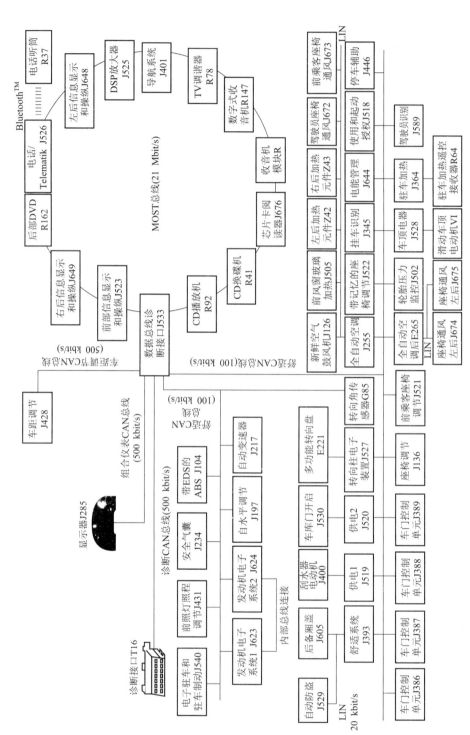

图4-3　奥迪A6轿车车载网络拓扑图

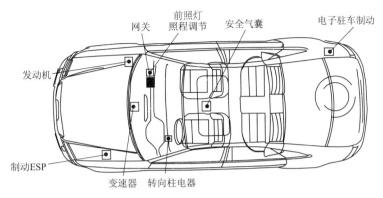

图 4-4　驱动系统 CAN 总线组成图

2. 驱动系统 CAN 总线特点

① 500 kbit/s 特高速传输。

② 级别 CAN/C。

③ 双绞线：CAN-H 线为橙色/黑色，CAN-L 线为橙色/棕色。

④ 在一根线断路/短路时，所有功能都会停止。

4.1.2　舒适系统 CAN 总线

1. 舒适系统 CAN 总线组成

舒适系统 CAN 总线连接空调控制单元、停车辅助控制单元、挂车控制单元、蓄电池能量管理单元、车门控制单元、电子转向柱锁控制单元、驻车加热控制单元、轮胎气压监控控制单元以及多功能转向盘、电子后座椅等控制单元，如图 4-5 所示。点火开关断开后，CAN 通信一直有效，通信断路时（如拔下插头或某一控制单元供电断路）会产生故障记忆，在重新连接正常后，必须删除所有控制单元的故障存储后才可以正常运行。

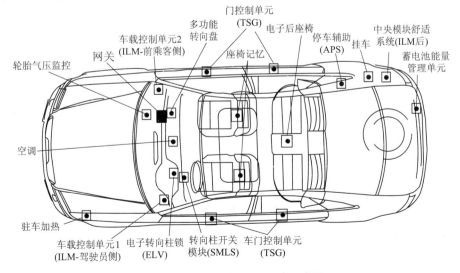

图 4-5　舒适系统 CAN 总线组成图

2. 舒适系统 CAN 总线特点

① 传输率 100 kbit/s。

② 级别 CAN/B。

③ 双绞线：CAN-H 线为橙色/绿色，CAN-L 线为橙色/棕色。

4.2 LIN 总 线

4.2.1 概述

1. LIN 总线的含义

LIN（Local Interconnect Network）也被称为"局域网子系统"，即 LIN 总线是 CAN 总线网络下的子系统。车上各个 LIN 总线系统之间的数据交换是由控制单元通过 CAN 数据总线实现的。奥迪 A6 轿车 LIN 总线组成如图 4-6 所示。

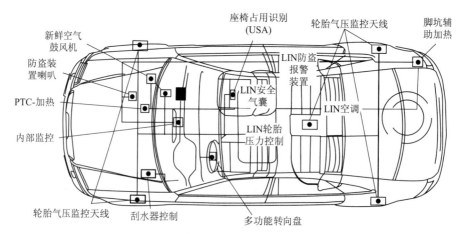

图 4-6 奥迪 A6 轿车 LIN 总线组成

2. LIN 总线传输特征

LIN 总线是一种低成本的串行通信网络，用于实现汽车中的分布式电子系统控制。LIN 的目标是为现有汽车网络（如 CAN 总线）提供辅助功能，因此，LIN 总线是一种辅助的总线网络，在不需要 CAN 总线的带宽和多功能的场合，比如智能传感器和制动装置之间的通信使用，LIN 总线可大大节省成本。LIN 总线的主要特性如下：

① 最大传输速率为 19.2 kbit/s。

② 低成本基于通用 UART 接口，几乎所有微控制器都具备 LIN 必需的硬件。

③ 只需要一根数据传输线。

④ 单主控制器/多从控制器设备模式无须仲裁机制，通过单主/多从的原则保证系统安全，奥迪 A6 空调系统的 LIN 总线子系统实物图，如图 4-7 所示。

⑤ 从节点不需振荡器就能实现同步，节省了多从控制器部件的硬件成本。

⑥ 保证信号传输的延迟时间。

⑦ 不需要改变 LIN 节点上的硬件和软件就可以在网络上增加节点。

⑧ 通常一个 LIN 网络上节点数目小于 12 个,共有 64 个标志符。

⑨ 单线,基本色:紫色+标志色。

LIN 总线系统是单线式,底色是紫色,有标志色。该线的横截面面积为 $0.35\,\mathrm{mm}^2$,无须屏蔽。该系统允许一个 LIN 主控制单元最多与 16 个 LIN 从控制单元进行数据交换。

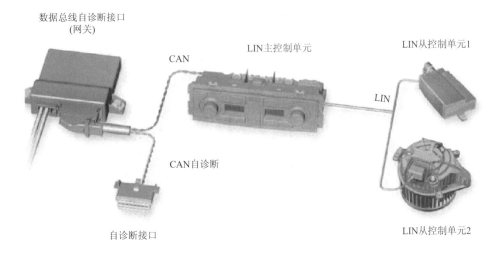

图 4-7 奥迪 A6 空调系统的 LIN 总线子系统实物图

4.2.2 LIN 总线的组成和工作原理

1. LIN 主控制单元

该控制单元连接在 CAN 数据总线上,它执行 LIN 的主功能。其主要作用如下:

① 监控数据传递和数据传递的速率,发送信息标题。

② 该控制单元的软件内已经设定了一个周期,这个周期用于决定何时将哪些信息发送到 LIN 数据总线上多少次。

③ 该控制单元在 LIN 数据总线与 CAN 总线之间起"翻译"作用,它是 LIN 总线系统中唯一与 CAN 数据总线相连的控制单元。

④ 通过 LIN 主控制单元进行 LIN 系统自诊断。

空调控制单元和天窗控制单元就是两个 LIN 主控制单元。前风窗加热器、鼓风机和两个温度传感器是空调控制单元(主控制单元)中的从控制单元,天窗控制电动机则是天窗控制单元(主控制单元)中的从控制单元,如图 4-8 所示。

2. LIN 总线从控制器

在 LIN 数据总线系统内,单个的控制单元、传感器及执行元件都可看作 LIN 总线主控制单元的从控制单元。传感器内集成有一个电子装置,该装置对测量值进行分析,数值是作为数字信号通过 LIN 总线传递的。有些传感器和执行元件只使用 LIN 主控制单元插口上的一个针脚,LIN 执行元件都是智能型的电子或机电部件,这些部件通过 LIN 主控制单元的 LIN 数字信号接受任务。LIN 主控制单元通过集成的传感器来获知执行元件的实际状态,然后就可

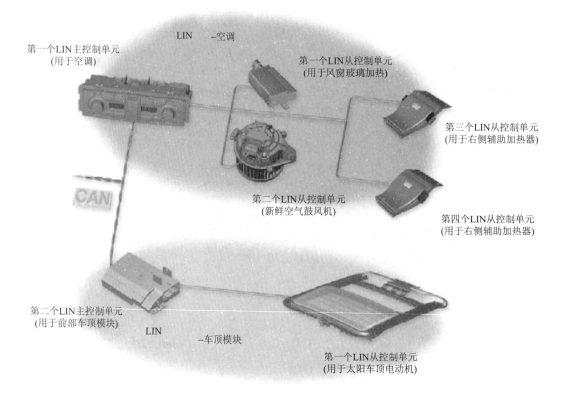

图 4-8 LIN 主控制器与从控制器、元件之间的连接

以进行规定状态和实际状态的对比，从而获得相应的控制信号，控制执行元件的工作状态。
LIN 从控制单元的特点如下：

① 接收、传递或忽略与从主控制系统接收到的信息标题相关的数据。

② 可以通过一个"叫醒"信号时，唤醒主系统。

③ 检查对所接收数据的检查总量。

④ 对所发送数据的检查总量进行计算。

⑤ 与主系统的同步字节保持一致。

⑥ 只能按照主系统的要求同其他子系统进行数据交换。

3. 数据传递过程

一个 LIN 总线的子系统总是由主系统发送相应的信息标题要求时，它才向 LIN 总线发送数据。所发送的数据可供每个 LIN 数据总线控制单元接收，传递流程如图 4-9 所示。LIN—信息 1 表示主系统要求子系统 1 提供数据；LIN—信息 2 表示主系统要求子系统 2 提供数据；LIN—信息 3 表示主系统为子系统发送数据，比如主系统向子系统 2 发送数据。

图 4-10 所示为奥迪 A6 轿车空调系统的 LIN 系统框图，数据传递过程如下：

① 带有子反馈的空调装置 LIN 信息传递流程，如图 4-11 所示。

ⓐ 空调装置在 LIN 总线系统上发送标题——查询制冷剂温度。

ⓑ 传感器 G395 读取标题，检修转换，然后将当时的制冷剂温度值放到 LIN 总线系统上。

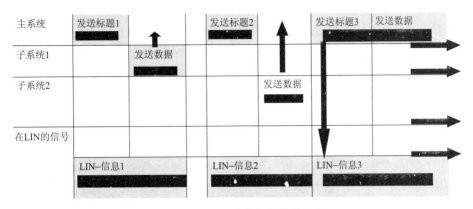

图 4-9　LIN 总线的数据传递流程

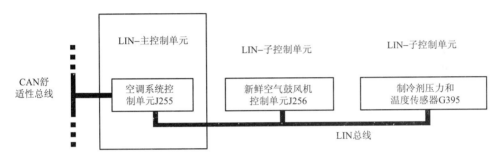

图 4-10　奥迪 A6 轿车空调系统的 LIN 系统框图

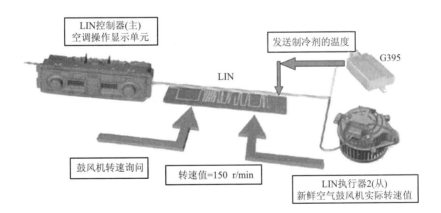

图 4-11　带有子反馈的空调装置 LIN 信息传递流程

ⓒ 制冷剂温度被空调装置识别。

② 带有主反馈的空调装置 LIN 信息传递流程，如图 4-12 所示。

ⓐ 空调装置在 LIN 总线系统上发送标题——调节鼓风机的等级。

ⓑ 所发送的标题用于新鲜空气鼓风机等级的调节。

ⓒ 空调装置发送所希望的鼓风机等级。

ⓓ 新鲜空气鼓风机读取信息，相应地控制鼓风机。

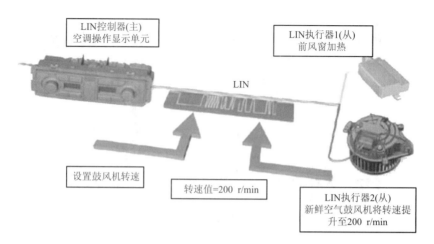

LIN控制器(主)
空调操作显示单元

LIN执行器1(从)
前风窗加热

LIN

设置鼓风机转速

转速值=200 r/min

LIN执行器2(从)
新鲜空气鼓风机将转速提
升至200 r/min

图4-12　带有主反馈的空调装置 LIN 信息传递流程

4. 信号

（1）信号电平

隐性电平：如果无信息发送到 LIN 数据总线上，或者发送到 LIN 数据总线上的是一个隐性信号，那么数据总线导线上的电压就是蓄电池电压。

显性电平：为了将显性信号传到 LIN 数据总线上，发送控制单元内的收发器将数据总线导线搭铁，如图 4-13 所示。

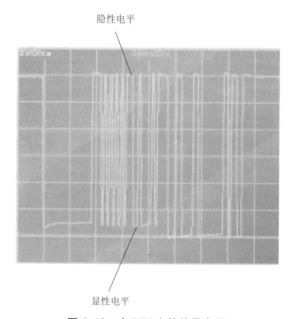

隐性电平

显性电平

图4-13　在 LIN 上的信号电平

（2）信号传递安全性

在隐性电平和显性电平收发时，通过预先设定公差值来保证数据传输的稳定性。发送信号电压必须满足隐性电平大于电源电压的 80%，显性电平小于电源电压的 20%，如图 4-14

（a）所示。为了保证在有干扰辐射的情况下仍能收到有效的信号，允许接收的电压值范围要宽一些，隐性电平大于电源电压的 60%，显性电平小于电源电压的 40%，如图 4-14（b）所示，通过这种方式确保 LIN 总线信号传递的安全性。

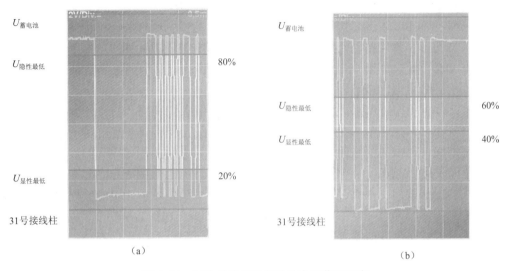

图 4-14　LIN 总线信号传递的电压范围要求

（a）发送时的电平范围；（b）接收时的电平范围

5. 信息格式

（1）信息标题的格式

信息标题的格式如图 4-15 所示。

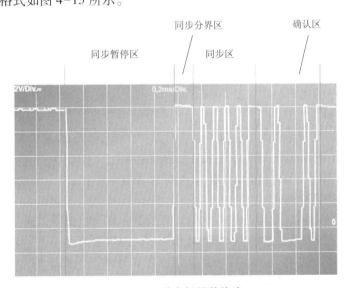

图 4-15　信息标题的格式

① 同步暂停区。同步暂停区的长度至少为 13 位（二进制），以显性电平发送。这 13 位的长度是必需的，这样才能准确地通知所有的 LIN 控制单元有关信息的起始点的情况，其他

的信息是以最长为9位（二进制）显性电平来一个接一个传递的。同步暂停会连同主波形（Low-Signal，低信号）一起被发送，并且明确地确定这是一个信息的开始。

② 同步分界区。同步分界区会连同从属波形一起被发送（High-Signal，高信号），并且表明这是同步暂停的结束。同步限制区至少为1位，且为隐性。

③ 同步区。同步区由0101010101这个二进制位序构成，所有的LIN控制单元通过这个二进制位序来与LIN主控制单元进行匹配（同步）。所有控制单元同步，对于保证正确的数据交换是非常必要的。如果失去了同步性，那么接收到的信息中的某一数位值就会发生错误，该错误会导致数据传递错误。

④ 确认区。确认区的长度为8位，前6位是回应信息识别码和信息长度。回应数据区的个数在0~8，后两位是校验位，用于检查数据传递是否有错误。当出现识别码传递错误时，校验可防止与错误的信息适配。

（2）信息内容的格式

信息内容的格式如图4-16所示。在信息内容中，确认领域中确定的数据领域个数会被传输。每个数据领域都以一个主导初始符开始，紧跟着要传输的数据字节，并以一个从属终止符结束。这样，每个数据领域的长度为10个数位。同样也适用于检查总量，检查总量用于识别传输的错误。

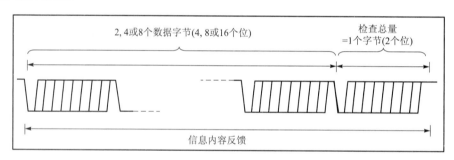

图4-16　信息内容的格式

6. LIN 总线系统的物理结构

LIN总线系统的物理结构如图4-17所示。4个信号收发两用机的任何一个都可以接通所属的晶体管，由此将LIN总线与负极连接。在这种情况下，会由一个发送器传输一个主导位，如果晶体管都不导通，在LIN总线电路上为高电压。

7. 奥迪 A6 轿车舒适系统 LIN 总线

（1）LIN总线上的控制单元

① 车顶：湿度传感器、光敏传感器、信号灯控制、汽车顶棚等。

② 车门：车窗玻璃、中控锁、车窗玻璃开关、门窗提手等。

③ 车头：传感器、小电动机、转向盘、方向控制开关、风窗玻璃上的擦拭装置、转向灯、无线电、空调、座椅、座椅控制电动机、转速传感器等。

（2）LIN总线控制实例

如图4-18所示，刮水器操纵信号控制流程如下：

① 驾驶员将刮水器杆放到刮水器间歇位置。

② 转向柱电子设备J257读取刮水器杆的实际位置。

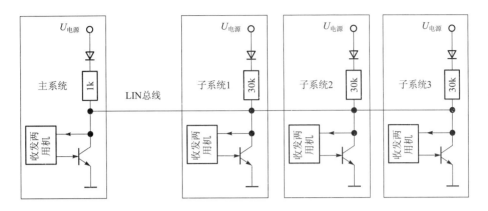

图 4-17　LIN 总线系统的物理结构

③ J257 经由舒适性 CAN 向车载控制单元发送此信息。

④ 车载控制单元 J519 通过 LIN 向刮水器 J400 发出指令，运行间歇位置模式。

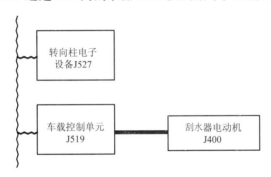

图 4-18　刮水器控制电路

4.3　MOST 总线系统

在汽车网络中常见的 MOST（Media Oriented Systems Transport，多媒体定向系统传输）就是比较典型的光学网络，下面介绍一下 MOST 在汽车中的实际应用情况。

MOST 是媒体信息传送的网络标准。MOST 采用塑料光缆（POF）的网络协议，将音响装置、电视、全球定位系统及电话等设备相互连接起来，给用户带来了极大的便利。在 MOST 中，不仅对通信协议给出了定义，而且也说明了分散系统的构筑方法。

MOST 可以不需要额外的主控计算机系统，结构灵活、性能可靠和易于扩展。MOST 网络光纤作为物理层的传输介质，可以连接视听设备、通信设备以及信息服务设备。MOST 网络支持"即插即用"方式，在网络上可以随时添加和去除设备。MOST 具有以下优点：

① 保证低成本的条件下，可以达到 24.8 Mbit/s 的数据传输速度。

②　无论是否有主控计算机都可以工作。

③　使用 POF（Plastic Optical Fiber）优化信息传送质量。

④　支持声音和压缩图像的实时处理。

⑤　支持数据的同步和异步传输。

⑥　发送/接收器嵌有虚拟网络管理系统。

⑦　支持多种网络连接方式，提供 MOST 设备标准，方便、简洁地应用系统界面。

⑧　通过采用 MOST，不仅可以减轻连接各部件的线束的质量、降低噪声，而且可以减轻系统开发技术人员的负担，最终在用户处实现各种设备的集中控制。

⑨　光纤网络不会受到电磁辐射干扰与搭铁环的影响。

MOST 利用一根光纤，最多可以同时传送 15 个频道的 CD 质量的非压缩音频数据，在一个局域网上，最多可以连接 64 个节点（装置）；从拓扑方式来看，基本上为一个环状拓扑，这种拓扑结构在增加节点时，不需要手柄及开关，而且媒体（光纤）没有集中在某特定装置的附近，可以节省光纤。MOST 为多媒体时代的车载电子设备所必需的高速网络、分散系统的构筑方法、遥控操作及集中管理的方法等提出了方案。在不久的将来，MOST 将成为汽车用多媒体设备不可缺少的技术。

4.3.1　奥迪 A6 轿车 MOST 数据总线系统

在奥迪 A6 轿车上信息娱乐系统的数据传递采用 MOST 总线系统，如图 4-19 所示。

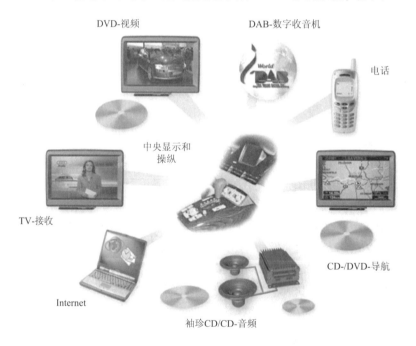

图 4-19　基于 MOST 总线的信息系统

MOST 总线系统有三种工作模式：睡眠模式、待命模式、工作模式，如图 4-20 所示。

（1）睡眠模式

当 MOST 总线系统处于睡眠模式时，MOST 总线内没有数据交换，所有装置处于待命状态，只能由系统管理器发出的光启动脉冲来激活，静态电流被降至最小值。睡眠模式的前提条件如下：

① 总线上的所有控制单元显示为准备进入睡眠模式。

② 其他总线系统不经过网关向 MOST 提出要求。

③ 诊断不被激活。

（2）待命模式

当 MOST 总线系统处于待命模式时，无法为用户提供任何服务，给人的感觉是系统已经关闭一样。这时 MOST 总线系统在后台运行，但所有的输出介质（如显示屏、收音机放大器等）都不工作或不发声，这种模式在启动及系统持续运行时被激活。待命模式的前提条件如下：

① 由其他数据总线经由网关激活，例如驾驶员侧车门打开/关闭时。

② 可以由总线上的一个控制单元激活，例如一个要接听的电话。

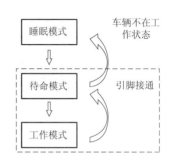

图 4-20 MOST 总线系统的工作模式

（3）工作模式

当 MOST 总线系统处于通电工作模式时，控制单元完全接通，MOST 总线上有数据交换，用户可使用所有功能。通电工作模式的前提条件如下：

① MOST 总线处在待命模式。

② 由其他数据总线激活。

③ 实现激活可以通过使用者的功能选择，通过多媒体 E380 的操纵单元。

4.3.2 奥迪 A6 轿车 MOST 总线的控制单元和工作过程

MOST 网络的每一个控制单元内都装有光电转换器和电光转换器，MOST 环状总线的结构为两个控制单元之间以光学方式点对点连接。

1. 控制单元的结构

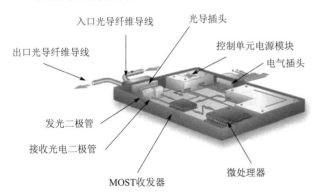

图 4-21 MOST 总线控制单元的结构

如图 4-21 所示，MOST 总线控制单元主要部件如下：

（1）光导纤维—光导插头

光纤使用专门的光学插头与控制单元连接。插头上的一个信号方向箭头表明（至接收机的）输入端，插头外壳形成与控制单元的连接。光信号通过由光导纤维导线和光导插头进入控制单元或传往下一个总线用户，如图 4-22 所示。

（2）电气插头

该插头用于供电、环断裂自诊断以及输入/输出信号，如图4-23所示。

（3）控制单元电源模块

由电气插头送入的电由内部供电装置分送到各个部件，这样就可单独关闭控制单元内某一部件，从而降低了静态电流。

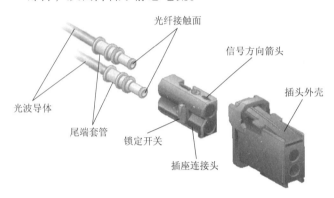 

图4-22　光导纤维—光导插头结构　　　图4-23　MOST电气插头

（4）收发单元—光导发射器（FOT）

该装置由一个光电二极管和一个发光二极管构成，到达的光信号由光电二极管转换成电压信号后传至MOST收发机。发光二极管的作用是把MOST收发机的电压信号再转换成光信号，产生的光波波长为650 mm，是可见红光。数据经光波调制后传送，调制后的光由光导纤维传到下一个控制单元。

（5）MOST收发器

MOST收发器由发射机和接收机两个部件组成。发射机将要发送的信息作为电压信号传至光导发射器，接收机接收来自光导发射器的电压信号并将所需的数据传至控制单元内的电控单元（CPU）。其他控制单元不需要的信息由收发机来传送，而不是将数据传到CPU上，这些信息原封不动发至下一个控制单元。

（6）控制单元（ECU）

控制单元（ECU）的内部有一个微处理器，用于操纵控制单元的所有基本功能。

（7）专用部件

这些部件用于控制某些专用功能，如CD播放机和收音机调谐器。

2. MOST总线的控制单元工作过程

MOST数据总线的一个基本特征是，它不像CAN数据总线那样只传输控制数据和传感器数据，它还能传输数字信号、音频信号、视频信号、图像以及其他数据服务。为了满足数据传输的各种要求，每一个MOST数据总线信息分为三部分，如图4-24所示。

同步数据（实基数据）：实时传送音频信号、视频信号等流动型数据。

异步数据：传送访问网络及访问数据库等的数据包。

控制数据：传送控制报文及控制整个网络的数据。

MOST是以近于数字电话交换机等使用的"帧同步传送"技术为基础的，因此，通过简单的硬件就可以实现流动型数据的同步传送，只会产生完全可以预测到的最小限度的

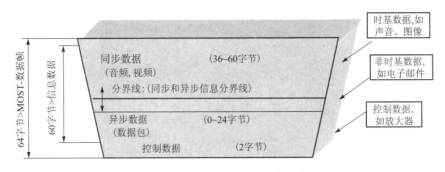

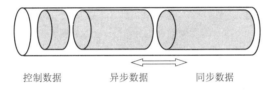

图 4-24　MOST 数据总线工作过程

滞后。而与此相比，其他的网络协议对流动型数据的处理较为烦琐，在数据的滞后方面还有问题。

3. MOST 数据总线的环形结构

MOST 总线系统的显著特点是它的环形结构，如图 4-25 所示。各控制单元之间通过一个环形数据总线连接，该总线只向一个方向传输数据，这意味着一个控制单元总是拥有两根光纤，一根用于发射机，另一根用于接收机。控制单元通过一根光纤将数据传送至环形结构中的下一个控制单元，这个过程一直持续到数据返回至原先传送它们的那个控制单元，由此，形成了一个闭合的环路。MOST 总线系统的诊断是借助于数据总线的诊断接口和诊断 CAN 进行的。

4.3.3　MOST 数据总线的检修

1. MOST 数据总线系统的故障诊断

（1）环形结构中断的故障诊断

由于采用了环形结构，某一个 MOST 数据总线位置上数据传送的中断就被称为环形结构中断。引起环形结构中断的可能原因是光纤中断；发射机或接收机控制单元的电源发生故障；发射机或接收机控制发生故障。

由于环形结构中断，就不能在 MOST 数据总线中进行数据传送，所以要借助于诊断导线来执行环形结构的故障诊断。可以通过中央接线连接装置将诊断导线连接至 MOST 数据总线中的每一个控制单元，如图 4-26 所示。环形结构中的中断位置必须执行环形结构的故障诊断来确定，环形结构的故障诊断是诊断管理器执行的最终控制诊断的一部分。

环形结构中断的后果如下：

① 不能播放音频和视频。

② 不能用多媒体操作单元进行控制和调整。

③ 诊断管理器的故障存储器中存储故障信息（光导数据总线中断）。

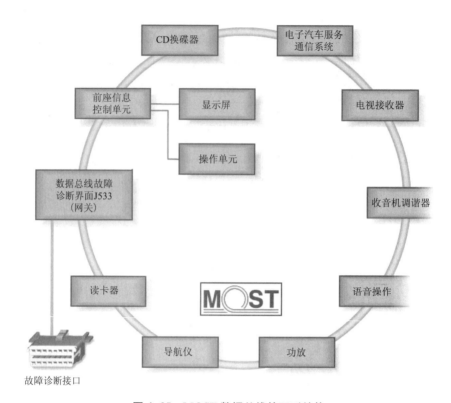

图 4-25　MOST 数据总线的环形结构

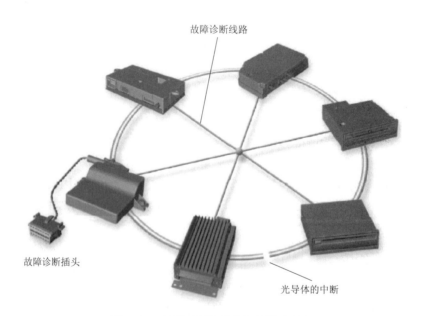

图 4-26　利用诊断导线执行的故障诊断

　　启动环形结构的故障诊断后，诊断管理器向每个控制单元传送一个脉冲，这个脉冲使所有控制单元借助于它们在 FOT 中的传送单元传送光信号。在此过程中，所有控制单元一方面检查它们的电源和内部的电气功能，另一方面接收来自环形结构中前一个控制单元的光信号。每一个 MOST 数据总线的控制单元在软件规定的时间长度内做出应答，环状结构故障诊断的开始和控制单元应答的时限使诊断管理器能够识别出是否已经做出了应答。环形结构故障诊断启动后，MOST 数据总线的控制单元传送出两条信息：

① 控制单元的电气系统正常，即控制单元的电气功能正常（例如电源正常）。

② 控制单元的光导系统正常，它的光敏二极管接收到环形结构中前一个控制单元的光信号。

这些信息告诉诊断管理器系统中是否存在电气故障（电源故障），或哪一些控制单元之间的光学数据传送中断了。

（2）衰减增加时环形结构的故障诊断

环形结构的故障诊断只能检测数据传送的中断，诊断管理器的最终控制诊断功能也包括用于检测衰减增加的光功率下降的环形结构故障诊断。功率下降时的环形故障诊断的过程与上面描述的基本相同，如图 4-27 所示。

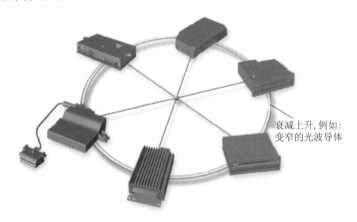

衰减上升，例如：变窄的光波导体

图 4-27　衰减增加时环形结构的故障诊断

控制单元用衰减度为 3 dB 的方式，即光功率减少一半，打开它们在 FOT 中的发光二极管。如果光纤的衰减增加了，则到达接收机的光信号的强度就不够强，接收机就会发出"光学问题"的信号。这时，诊断管理器就会识别出故障位置并在诊断测试仪的引导性故障查询中存储一条相应的故障信息。

2. 无源光学星形网络的故障与检测

（1）故障种类

无源光学星形网络的故障种类主要有以下几种：

① 网络故障。与铜导线相比，光纤更为耐用，但其物理层时常有故障发生。节点与星形网络之间的光纤长度方向、成簇连接的光纤与光纤之间和无源光学星形网络自身潜在的故障会使光衰减增多，一旦超过链路通信总损耗限值，就会导致链路断路。

② 光纤故障。光缆虽然非常耐用，但物理方面的误用可能导致光纤衰减增大。例如：特别绷紧的光纤路由会使链路衰减增大；光缆路由张紧的弯曲半径小于最小的 25 mm 规定，光纤张紧的弯曲处的光线就会超出临界角，光纤的衰减也会增大。如果所用的链路

操作在敏感限值附近，那么，从光纤的过量弯曲处附加的衰减可能引发通信错误。其他物理误用的例子还有光纤紧压变薄会改变光纤芯部几何尺寸，造成部分光泄漏；光缆被擦伤，擦伤点的护套脱开或芯部接口和芯的包层界面损坏等都会造成光泄漏，这些都会增加光纤衰减，影响链路工作。如果是单根光纤损坏或折断，则通信只在一根链路上存在着障碍；如果光纤损坏是从节点到星形网络的发送路径，那么，网络上的每个接收器会查出受影响的节点减弱的信号，并将错误首先通知链路中最不敏感的接收器；如果光纤损坏是从星形网络到某个节点的接收路径，那么，网络上各个节点的接收器会获知该节点上的接收器减弱的信号，并将错误首先通知网络上最弱的发送器；如果光纤损坏严重，所有节点的通信都将受到影响。

③ 成簇连接故障。成簇连接指光纤到光纤的连接区，汽车线束在该连接区被分段（如在仪表板交接处或发动机舱壁板交接处分段）。典型的成簇连接是由发动机舱壁交界处由两个接头配对构成。光束基本上是由严格校直的两组纤维散布成圆柱形，虽然光纤连接系统的可靠性高于铜线连接，但由于每个接头不可能只由一个总装厂配对，因此不易形成零概率故障，即衰减难以避免。光学成簇连接的两组光纤只有保持齐平式连接，才能确保两组光纤之间良好的光耦合。光纤中的某一根发生扭曲或拉长等，都会增加链路衰减。成簇组合不当，也会增加衰减，并沿着接收和发送路径影响节点的操作。

④ 光学星形故障。光学星形潜在的故障在星形线元，而星形线元的问题主要取决于星形结构。

⑤ 混合线元星形故障。如果在某个节点的发送光纤与混合线元之间发生损耗，造成的影响与前述的光纤故障很相似，所有接收器可以查出受影响的那个节点减弱的信号，并首先将错误通知最不敏感的接收器；同样，如果损耗发生在某个节点的接收光纤与混合线元之间，那么，网络上所有发送器发送的信号将在受影响的节点的接收器上显示减弱，并首先将错误显示在最弱的发送器的节点链路中。如果混合线元发生诸如断裂等的严重损坏，网络通信则中断。

⑥ 双锥形星形故障。双锥形星形若在中心接头组合不当，则故障概率比输入光纤引起的损耗大得多。若是星形引出端接头上光纤到光纤的连接受到干扰，则沿着受影响的节点的发送和接收路径的衰减就增大。若在混合区出现断裂点，则会造成网络通信全部中断。对于双锥形星形故障尤其要注意的是，由于短锥形混合区极脆，如果该区受载，容易碎裂。

⑦ 熔丝对星形故障。为了便于汇集成汽车线束，熔丝对星形也需要有引出端，让光纤成束连通至各个节点。熔丝对的耦合点较多，因此，潜在的故障点和衰减的可能性也较其他星形结构多些。另外，光纤束的各个焊点较脆，受载极易碎裂，所以故障率较其他星形结构高。

（2）故障检测

光学网络故障检测不能用一般市场供应的光功率计及光时域反射计等针对电信或实验室使用的仪器，因为这种仪器是按照电信工程各种光纤接头标准制定的，尤其是各种接头标准是围绕电信工业拟定的。诊断和维修汽车无源光学网络媒体的故障，也不能用传统的"手摸"或"耳听"等经验维修方法，而需要用光学网络检测设备帮助查找故障部位。用于汽车上的网络故障诊断仪应具备以下特点：容易使用，尺寸小和携带方便，能直接指明故障源，通用性好，能检测各种型号的无源星形网络汽车的故障，价格低。

汽车网络所用的测试仪的各种接头是按汽车工业标准设计的，而且提供给用户的检测诊断模式是比较灵活的——既能测出任一节点的衰减，也能测出网络中任意两个节点之间的衰减。当然，汽车光学网络诊断仪也并非是万能的，它不可能包含各种车型的维修数据和光衰减值，若要将世界上各种光学星形网络的汽车资料都存储在诊断仪中，那这种仪器就失去了"尺寸小、携带方便和价格低"等特点。所以，使用诊断仪的同时，还必须找到该车型的维修手册，因为光学网络的第一手资料是"沿着网络路径的光源的衰减值"，诊断仪上测出的衰减值多少为合格，必须与维修手册上规定的衰减值相对比才能确定。

3. 汽车光学网络诊断仪的使用

汽车光学网络故障诊断仪如图 4-28 所示。它按两条基本通信路径测试：模式 I，可测量链路中任一节点自身的衰减；模式 II，可测量链路中沿着发送和接收两条路径的任意两个节点之间的衰减。不管哪种诊断模式，第一步都必须对诊断仪定标。原因是这类诊断仪主要是测量相对功率，通过定标可以先了解链路的衰减特性，如 0.5 m 长的参考纤维可以将仪器标定为"零"刻度。通过定标过程可以消除以下一些误差和损耗：用于诊断仪中的 LED 与接收器最重要的性能就是在整个测量时间或所处环境温度发生改变时会出现误差，通过定标，以当时的环境条件作为 LED 输出功率和接收器灵敏度的参考标准，这样能保证测量误差极小；由于作连接用的参考光纤参与了定标，诊断仪的"零"刻度包括了光纤到电子器件的耦合损耗。诊断仪的使用方法如下：

① 诊断模式 I（自测试）。在此模式下，如图 4-29 所示，同一节点的发送线（Tx）和接收线（Rx）受到检测。测到的功率损耗代表三种故障情况：发送光纤到星的衰减、星的接入损耗、从星到接收纤维的衰减。如果上述衰减接近最大值，那么被测的节点自身及与该节点之间的通信可能发生错误。

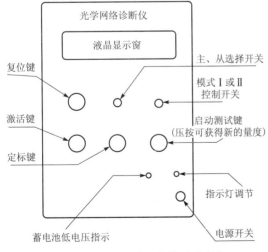

图 4-28　汽车光学网络故障诊断仪

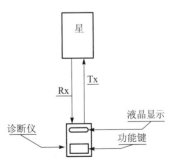

图 4-29　诊断模式 I（自测试）

② 诊断模式Ⅱ（全部路径测试）。在此模式下，如图4-30所示，必须同时采用两个光学诊断仪。两个诊断仪测量从节点A发送器到节点B接收器路径的衰减（包括节点A的发送纤维的衰减、星形的接入损耗和节点B的接收纤维的衰减），以及从节点B发送器到节点A接收器路径的衰减（包括节点B的发送纤维的衰减、星形的接入损耗和节点A的接收纤维的衰减）。如果沿两条路径的衰减大于允许值，则链路可能出现通信错误。

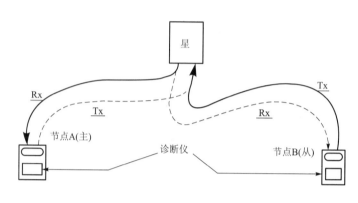

图4-30 诊断模式Ⅱ

③ 测试过程。无论是周期性故障（间歇或断续故障引起的衰减使系统操作在超出规范的较高位误码率）还是全系统故障（链路全部衰减），都可通过存取网络出错记录的较高等级诊断程序，由维修人员查找出节点间的通信问题，简略的测试过程如下：

ⓐ 诊断仪与被怀疑的节点相连接，将模式开关调至Ⅰ位置，即可开始检测可疑节点的链路衰减，若衰减在规范内，则可进行下一步骤。

ⓑ 诊断仪仍然以模式Ⅰ方式测试第二个被怀疑有故障的节点，方法同ⓐ。若链路衰减也在规范内，则可进行下一步骤。

ⓒ 将诊断仪模式开关调至Ⅰ位置，即可测试节点A到节点B（或从节点B到节点A）的通信路径。如果链路衰减仍在规范内，但仍觉汽车有问题，即可判定故障在被怀疑节点的电子线路中。

ⓓ 按上述测试，若链路衰减超出规定，则可沿被测路径查找问题。最简单的方法是更换发送和接收光纤，然后重新测试；如果链路衰减仍然超出规定，则应更换无源光学星形，也可利用所有"三定点"测到的信息来分析问题。例如：测到从节点A回到自身的衰减高于规范，故障就可能存在于节点A发送和接收路径的某个地方。但如果从节点A回到自身与从节点B回到自身的两条路径的衰减都高于规范，那么故障大多存在于星形中。简单地说，A和B的不正常（衰减）根源在于C（星形）。按此"三定点"测试理论，可得到图4-31所示的故障诊断流程图。结合该车型的维修手册中规定的链路衰减（损耗）规范，维修人员迅速查找到故障部位。

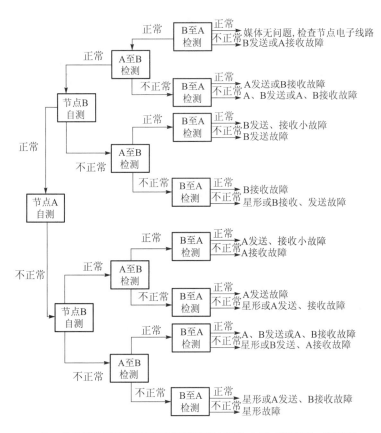

注: A发送故障指沿A发送器到星形的路径有故障, 包括A发送纤维, 成簇接头 (指有成簇连接的星形网络和A发送纤维到星形的接口)。

图 4-31 光学网络故障诊断流程图

4.4 奥迪 A6 轿车网络控制电气系统

4.4.1 电能管理系统

电能管理控制单元 J644 位于后备厢内的蓄电池旁。在奥迪 A6 上使用时, 该控制单元的软件有所改动, 在 MMI 显示屏上显示的不是蓄电池的充电状态, 而是蓄电池的实际工作状态。此外, 还可以使用诊断仪读出历史数据, 也就是关于过去供电状态的数据, 如图 4-32 所示。

蓄电池状态表示的是蓄电池的工作能力, 这个能力是根据蓄电池充电状态和起动能力估算出来的。显示蓄电池状态的优点如下:

① 可以根据蓄电池状态直接设定断开值。

② 组合仪表 J285 的中央显示屏上总是显示蓄电池的实际状态参数。

③ 如果显示为 100%, 说明下次关闭发动机时不设定断开值。

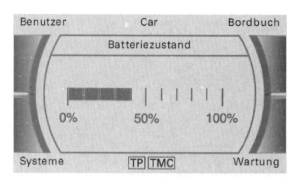

图 4-32　MMI 上显示蓄电池的状态

4.4.2　高级钥匙系统

奥迪 A6 轿车高级钥匙（Advanced Key）系统如图 4-33 所示。

图 4-33　奥迪 A6 轿车高级
钥匙系统

有一个带折叠式机械钥匙齿的部分，用于驾驶员车门和后备厢盖的锁芯。脉冲转发器的功能就集成在电子装置内，没有电池也可工作。电子装置由一块集成的电池供电，以完成遥控和高级钥匙功能。

遥控钥匙与使用和起动授权控制单元之间可通过中央门锁/防盗警报装置天线 R47 实现双向数据交换，这样就可以将中央门锁的状态传送到钥匙内。如果在超出钥匙遥控信号的作用范围时按下了某个按钮，那么钥匙上集成的发光二极管会指示出车辆的锁止状态，且一直显示上一次用该钥匙操纵中央门锁时所呈现的锁止状态。如果在此期间使用另一把钥匙打开或关闭过车门，那么原来那把钥匙的锁止状态并不改变，如图 4-34 和图 4-35 所示。

很多国家可将遥控信号频率从 433 MHz 调到 868 MHz，这个遥控信号频率更有助于在车钥匙和控制单元之间进行数据交换。由于这个频率的发射脉冲非常短，可避免各种持续的无线电发射干扰，如袖珍手机、无线耳机等。

图 4-36 为奥迪 A6 轿车使用机械钥匙或按门把手进入车辆时，控制单元、开关、传感器之间的信息传递过程。图中的数字顺序为信息传递的顺序，信息传递由舒适系统 CAN 总线来完成。

① 驾驶员将手放入门把手的凹坑内，车门外把手接触传感器 G415 就会将"手指已放入把手凹坑"这个信息发送给无钥匙式使用授权天线读入单元 J723，门把手如图 4-37 所示。

② 天线读入单元 J723 通过驾驶员侧的使用和起动授权天线 R134 将一个唤醒信号发送到车钥匙上。

③ 天线读入单元 J723 通过所有的使用和起动授权天线给车钥匙发送一个信号。

④ 车钥匙根据这些信号来确定钥匙在车上的位置，并将这个信息发送到中央门锁和防盗警报装置天线 R47。

钥匙发光二极管(LED)的信号

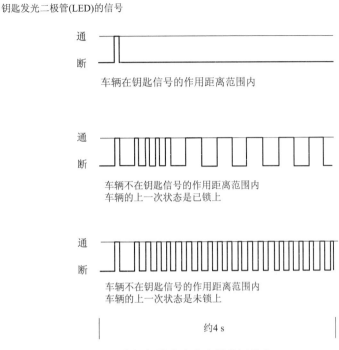

图 4-34 高级钥匙脉冲发生器检测状态

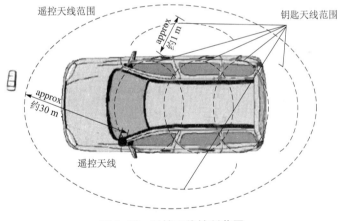

图 4-35 遥控天线控制范围

⑤ 中央门锁和防盗警报装置天线接收到信息，这个信息由使用和起动授权开关 E415 传送给使用和起动授权控制单元 J518 使用。

⑥ 使用和起动授权控制单元将"打开车门"这个信息发送给舒适系统中央控制单元 J393 和车门控制单元（指门把手已经开始钥匙查询的车门）。

⑦ 收到使用和起动授权控制单元命令的车门控制单元操纵相应的锁芯，打开该车门。

⑧ 舒适系统中央控制单元 J393 将"打开车门"的命令发送到舒适系统 CAN 总线上。

⑨ 正常的开门过程包括停用安全装置、开门、确认闪光及接通车内灯。除了确认闪光外，使用和起动授权控制单元通过使用和起动授权开关和中央门锁/防盗警报装置天线 R47

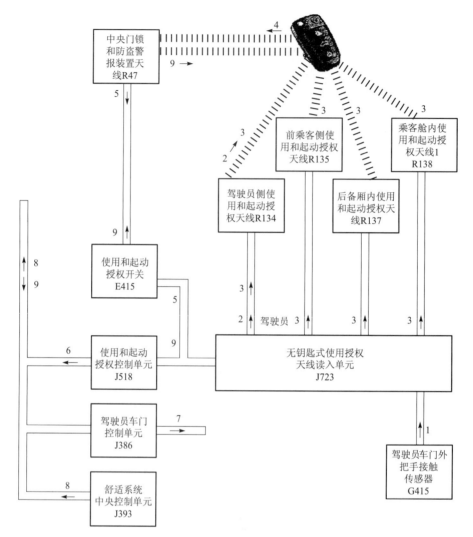

图 4-36 奥迪 A6 轿车使用机械钥匙进入车辆的控制过程

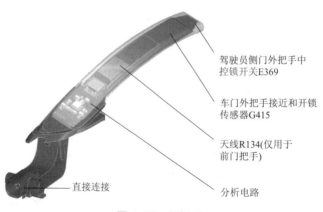

图 4-37 门把手

模块四　奥迪 A6 轿车总线系统检修　133

将锁止状态发送到车钥匙内。

按起动按钮起动车辆时，控制单元、开关、传感器之间的信息传递过程，如图 4-38 所示。图中的数字顺序为信息传递的顺序，信息传递由舒适系统 CAN 总线来完成。

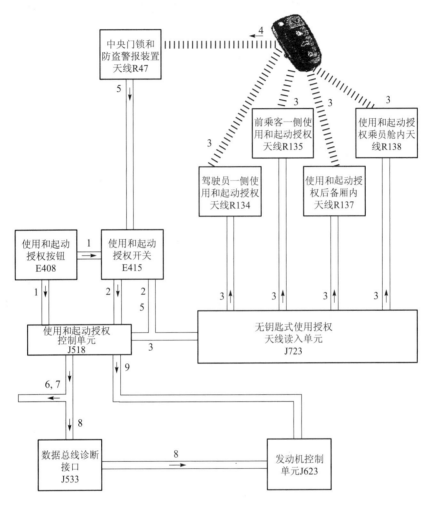

图 4-38　按起动按钮起动车辆控制过程

① 驾驶员将使用和起动授权按钮 E408 完全按下，这个按钮将"点火开关接通"和"发动机起动"的信息发送到使用和起动授权开关 E415 以及使用和起动授权控制单元 J518 上。

② 使用和起动授权开关将这个按钮信息通过数据线继续传至使用和起动授权控制单元，在这里两个按钮信息会进行比较。

③ 控制单元 J518 将钥匙查询信息发送给无钥匙式使用授权天线读入单元 J723，天线读入控制单元通过所有的使用和起动授权天线将一个信号发送给车钥匙。

④ 车钥匙根据这个信号来确定钥匙在车上的位置，并将其信息发送给中央门锁/防盗警报装置天线 R47。

⑤ 中央门锁/防盗警报装置天线收到这个信息，然后该信息通过使用和起动授权开关

E415 被传送给使用和起动授权控制单元使用。

⑥ 根据钥匙的使用情况，S-触点信号被发送到舒适系统 CAN 总线上，转向系统开锁。

⑦ 转向锁完全打开后，接线柱 15 接通。

⑧ 接线柱 15 接通后，发动机控制单元与使用和起动授权控制单元之间就开始经 CAN 数据总线进行数据交换，然后防盗锁被停用。

⑨ 使用和起动授权控制单元将"起动请求"这个信号发送给发动机控制单元，发动机控制单元检查离合器是否已踏下或是否已挂入 P 或 N 挡（指自动变速器），然后自动启动发动机。

4.4.3 指纹识别系统

指纹识别系统通过指纹来识别乘员，是车辆起动的前提条件，系统用来一次性起动多个个人预先存储的功能。指纹识别通过传感器完成，指纹识别传感器通过识别每个人指纹交叉点和断点的图形来识别是哪个人。

（1）基本原理

① 每个人的指纹与其他人的指纹是不同的，它有自己的特殊之处，这与该指纹是否是同一个手指无关。

② 在进行指纹对比时，为了保证指纹的准确性，要求至少 80% 的面积是相同的。START 按钮的形状设计保证使用者的手指总是几乎放到同一个位置上。START 按钮的窄面形成一个定位形状，这样可防止手指在纵向方向上偏离过大。

③ 由于指纹识别与 START 按钮结合在一起，当手湿时，如果用力过大（大于 12 N），就可能出现无法识别的情况。

④ 系统在识别失败后，进行第二次识别时就切换到触发模式，在这种模式下，系统不断读取指纹图像，只有读取质量足够好的图像时，才会进行对比分析。

⑤ 个别人由于手过于干燥、脏污、受伤、皮肤病，指纹无法与系统适配，传感器无法识别，所以不能采用指纹识别系统。

（2）指纹识别系统的工作过程

① 电容传感器记录指纹，电容传感器如图 4-39（a）所示。

② 生成灰阶图，如图 4-39（b）所示。

③ 在控制单元内处理传感器数据，如图 4-39（c）所示。

④ 特点过滤。指纹中的纹脊、分叉、螺旋纹、环状纹等特点纹将被过滤出来。

⑤ 识别特点区（特点），如图 4-39（d）所示。

⑥ 将特点区（细点处）通过复杂网络线连接到一起，如图 4-39（e）所示。

⑦ 细节之间的指纹线倾斜角度、间距、指纹线数量以及细节的类型就被存储起来，如图 4-39（f）所示。

⑧ 将这些特点与档案里的内容（已经适配的手指）进行对比，在成功地识别出指纹后，MMI 上会显示出使用者的名字，如图 4-39（g）所示。

⑨ 相关的控制单元会按照相应的使用者 ID 存储值进行调节，当无法识别时，组合仪表上会显示下列内容："Benutzer nicht erkannt"（无法识别使用者），如图 4-39（h）所示。

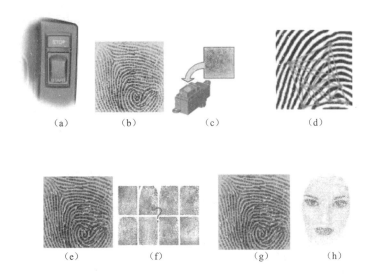

（a）　　　　　（b）　　　　　（c）　　　　　　　（d）

（e）　　　　（f）　　　　　（g）　　　　（h）

图 4-39　指纹识别系统的匹配过程

（3）适配过程

① 可以通过 MMI 上的 CAR 菜单来进行适配，最多可适配 4 个使用者，每个使用者可适配 5 个手指。

② MMI 支持使用者的适配，这样就可以得到尽可能好的指纹图像。

③ 用中等力量（小于 12 N）将手指连续 3 次放到传感器上后，这个手指的适配就完成了。

④ 要想识别出某个使用者，必须读取 3 个图像。

⑤ 为了避免出现不能识别的情况，最好适配两个或两个以上的手指。识别成功后，在 MMI 上就显示出如图 4-40 所示的图形。

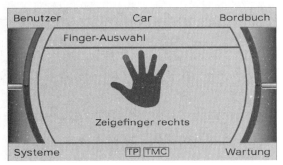

图 4-40　指纹系统适配

4.4.4　Blue tooth

1. Blue tooth 简介

在现代商业和个人使用多个移动电话、掌上电脑（PDA）或笔记本电脑是很常见的，在过去，移动装置之间的信息交换只能通过导线或红外线技术来实现。

　　这种非标准连接严重限制了移动的范围，且使用也很复杂。Blue tooth（蓝牙）技术弥补了这方面的不足，该技术可为不同厂家生产的移动装置提供一个标准的无线连接方式。

　　蓝牙技术首先用在奥迪 A6 型轿车上，该车的电话装置的听筒和控制单元之间就是通过蓝牙技术进行无线联系的，如图 4-41 所示。

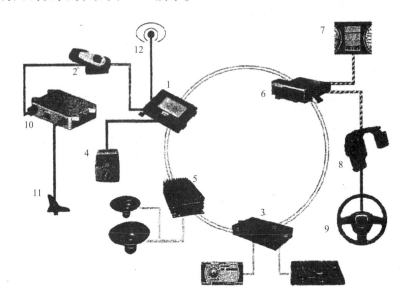

图 4-41　奥迪 A6 上的蓝牙网络

1—电话发射和接收器 R36；2—电话座 R126；3—信息控制单元 J523；4—麦克风 R140；
5—数字音响包控制单元 J525；6—数据总线诊断接口 J533；7—组合仪表控制单元 J285；
8—转向柱电子装置控制单元 J527；9—多功能转向盘控制单元 J453；
10—手机放大器（补偿器）R86；11—GPS 导航天线 R50；12—蓝牙天线 152

2. Blue tooth 的来由

　　瑞典的爱立信公司开发了一种标准的短距离无线系统，人们把这种系统的技术称为 Blue tooth（蓝牙）技术。

　　蓝牙专利集团已经包括约 2 000 家公司，涉及的领域有电信、数据处理、仪器制造和汽车制造。Blue tooth 这个名字源于维京国王 Harald Bltand，他在 10 世纪时曾统一丹麦和挪威，他的绰号就叫 Blue tooth。

　　由于这个无线系统可以将各种信息系统、数据处理系统以及移动电话系统联在一起，正与 Harald 国王的功绩相仿，因此该系统就被称为 Blue tooth。

3. Blue tooth 的构造

　　短距离无线电收发器（发射器和接收器）直接安装在所选用的移动装置内或集成在适配器（PC 卡、USB 等）内。蓝牙系统使用 2.45 GHz 的波段来进行无线通信，该波段在全世界范围内都是免费的。由于该频率的波长非常短，因此可将天线、控制装置和编码器、发送和接收系统等集成到 Blue tooth 模块上。Blue tooth 模块结构小巧，可以很方便地将其安装在很小的电子装置内。

　　Blue tooth 的传输速率可达 1 Mb/s，可同时传送 3 个语音通道的信号。Blue tooth 发射器的有效距离为 10 m，如果某些装置外加放大器，有效距离可达 100 m。数据的传送不需要进行复杂的设定，如果两个 Blue tooth 装置相遇，它们之间会自动建立起联系。

4. Blue tooth 的性能

Blue tooth 系统内的数据传送采用无线电波的方式，其频率为 2.4~2.48 GHz。由于采取能提高抗干扰性的措施，因此 Blue tooth 技术可减少各种装置所产生的干扰。控制模块将数据分成短而灵活的数据包，其长度为 625 μs。用一个 16 位大小的校验和数来检查数据包的完整性，如有干扰，将再次发送数据包，使用一个稳定的语言编码将语言转换成数字信号。无线电模块在每个数据包发送后，以随机的方式改变发送和接收的频率（每秒 1 600 次），称为跳频。

4.5　故障案例

1. 奥迪 A6 ABS 不起作用

（1）故障车型

2000 款奥迪 A6 2.8 L 轿车，采用自动变速器，装备有 ABS 和 ASR。

（2）故障现象

（微课实训视频：
故障诊断能力）

该车 ABS 指示灯常亮，且 ASR 指示灯也同时亮起，ABS 不起作用。据报修客户讲，该车进厂维修前，曾因事故更换过 ABS 泵总成。

（3）故障诊断与排除

用专用检测仪（电脑故障阅读仪）VAG 1552 检测时，发现 ABS 有 3 个故障，分别为轮速度传感器 G45 损坏、CAN 总线故障以及 CAN 总线软件监控信号丢失，用专用检测仪无法清除故障。因客户已更换过 ABS 泵总成，又是一辆事故车，根据经验，先查线路问题。经检测 ABS 的线路连接完好，无断路和搭铁短路现象。接下来检查 CAN 总线。CAN 是一个双绞线的总线系统，数据按顺序通过 CAN 总线传到与系统相连的控制单元：ABS 控制单元、发动机控制单元和变速器控制单元。经检查，CAN 总线在 ABS 控制单元靠近大梁的地方断路。焊好接上，再用专用检测仪进入 ABS 系统检查，CAN 总线故障排除。

用专用检测仪检测，无法对 ABS 系统编码。经查维修资料，发现原先换上的 ABS 泵型号不对。进一步检查其零件号，查明换上的 ABS 泵只适用于发动机排量为 1.8 L 的奥迪 A6 轿车（装备手动变速器且无 ASR）。重新换上与原车配套的 ABS 泵总成后，专用检测仪所有故障码全部清除。经路试后，发现 ABS 指示灯又亮。用专用检测仪检测，显示右轮速度传感器尚有问题。拆下右前轮速度传感器，发现传感器触头有严重脏污。经清洗后安装好，清除故障码，重新路试，ABS 起作用，故障现象消失。

2. 奥迪 A6 防滑驱动控制系统警告灯亮，行驶加速困难

（1）故障车型

奥迪 A6 2.4 L 轿车。

（2）故障现象

在行驶中突然出现 ASR（防滑驱动控制系统）警告灯亮，接着仪表板上所有指示灯全部熄灭，此时车辆行驶加速困难。驾驶员勉强把车开了一段路程后，仪表板上的机油警告灯亮，驾驶员只好将发动机熄火。熄火后，发动机却再也无法起动，而且仪表板上 ESP（电子稳定化控制系统）指示灯和挡位指示灯在点火开关处于 ON 位时都不亮。驾驶员只好把车辆拖至驻地。但在第二天，该乘用车又能正常起动了，于是就把该车开到修理厂进行检修。

（3）故障诊断

检查该车后，发现发动机工作正常，各仪表指示灯指示准确。

用金德 K80 故障检测仪分别对发动机、自动变速器、ABS 及仪表 ECU 进行故障分析，该检测仪按各部分 ECU 显示的故障内容如下：

① 发动机 ECU。

➤ CAN（控制器区域网）数据总线缺少 ABS 单元信息。

➤ CAN 电脑通信网络有故障。

➤ 发动机 ECU 锁死。

➤ 电子节气门故障灯 K132 有故障。

② 自动变速器 ECU。

CAN 电脑通信网络有故障。

③ 仪表 ECU。

➤ 发动机控制单元闭锁。

➤ CAN 数据总线驱动不良。

➤ 发动机 ECU 没有通信。

➤ 自动变速器 ECU 没有通信。

④ ABS ECU。

CAN 电脑通信网络有故障。

用故障诊断仪 VAS 5051 检查表明上述故障都为偶发故障，用它清除所有的故障码后进行路试，在正常行驶 20 km 后，同样的故障又重复出现，只好将该车又拖至修理厂。用金德 K80 故障检测仪对该故障进行分析，结果相同。综合故障检测仪显示的所有故障内容，疑点都集中到 CAN 数据总线上。

该型车的发动机 ECU 上有两条 CAN 数据总线，一条为红黑色的 H（CAN-H）线，另一条为红灰色的 L（CAN-L）线。它们分别与乘用车的其他三个 ECU 相连，与 ECU 相连的端子号码如下：

➤ 自动变速器 ECU 上为 58 号及 60 号端子。

➤ 仪表 ECU 上为 29 号和 30 号端子。

➤ ABS ECU 上为 18 号和 19 号端子。

正常情况下各 ECU 插接器连接 18 号、60 号及 30 号端子应是相通的；19 号、58 号和 29 号端子也应是相通的，但它们搭铁应不相通。

用万用表测量这几个端子的通断情况，发现 18 号、60 号和 30 号端子完全不通，而 19 号、58 号和 29 号端子则相通，19 号端子和 29 号端子的电阻约为 130 Ω。

用万用表顺线查找，发现在发动机 ECU 下后方有一排插接器，找到其中红色的 CAN 数据总线的插接器，发现 CAN 数据总线插接器连接松动，将其连接牢固后，用金德 K80 故障分析仪清除故障码后试车，一切正常，故障彻底排除。

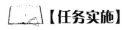 **【任务实施】**

任务一　奥迪 A6L 轿车总线网络拓扑认知

（奥迪 A6L
电气系统）

任务要求：

1. 通过任务实施，让学员能够掌握奥迪 A6L 轿车舒适总线网络拓扑。

2. 能够在车身指出电控单元的位置。

任务工单：

任课教师		学时	
班级		学生姓名	
模块	模块四　奥迪 A6 轿车总线系统检修	学习时间	
任务	奥迪 A6L 轿车总线网络拓扑认知	学习地点	
仪器与设备	VAS6150、VAS6356、FSA740、万用表、奥迪 A6L 轿车		
参考资料	奥迪 A6L 轿车维修手册及电路图		
课堂学习	1. 查找以下控制单元在车身上位置，并在空格处标注出电控单元的汉语名称 （见下表） 2. 查找电路图将缺失的电控单元和保险填入方框内 （见下图）		
思考	Flexray 的特点		

1. 查找以下控制单元在车身上位置，并在空格处标注出电控单元的汉语名称

J393		J540		J769		J492	
J519		J605		J770		J428	
J533		J223		J431		J850	
J234		J532		J745		J851	
J898		J853		J104		J197	
J772		J849		J829		R	
		J791		J792		J525	
		J500		J794		R78	

2. 查找电路图将缺失的电控单元和保险填入方框内

任务二　奥迪 A6L 轿车 LIN 总线的检测

（雨刮器功能及
电路测量）

任务要求：

1. 通过任务实施，让学员能够掌握奥迪 A6L 轿车舒适总线网络拓扑。
2. 使用万用表正确检测 LIN 总线电路。
3. 使用示波器测试 LIN 总线的波形。

任务工单：

任课教师		学时	
班级		学生姓名	
模块	模块四 奥迪 A6 轿车总线系统检修	学习时间	
任务	奥迪 A6L 轿车 LIN 总线的检测	学习地点	
仪器与设备	VAS6150、VAS6356、FSA740　万用表 奥迪 A6L 轿车		
参考资料	奥迪 A6L 轿车维修手册及电路图		
课堂学习	1. 根据奥迪 A6L 轿车维修手册及电路图，指出车上应用 LIN 的总线系统 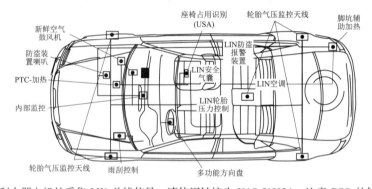 2. 请在刮水器电机处采集 LIN 总线信号，请使用转接头 VAS 51003A，注意 DSO 的触发设置 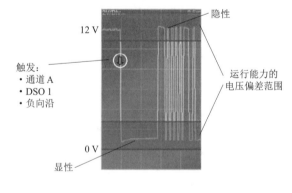 电平值是多少？ 初始电平：＿＿＿＿＿＿＿＿＿＿＿＿＿＿＿＿＿＿＿ 隐性电平：＿＿＿＿＿＿＿＿＿＿＿＿＿＿＿＿＿＿＿ 显性电平：＿＿＿＿＿＿＿＿＿＿＿＿＿＿＿＿＿＿＿			

续表

思考	MOST 总线工作原理

 小结

1. 奥迪 A6 轿车驱动系统 CAN 总线连接发动机控制单元、变速器控制单元、制动 ESP 控制单元、安全气囊控制单元、电子驻车制动控制单元、前照灯照程调节系统控制单元等。

2. 奥迪 A6 轿车舒适系统 CAN 总线连接空调控制单元、停车辅助控制单元、挂车控制单元、电瓶能量管理单元、车门控制单元、电子转向柱锁控制单元、驻车加热控制单元、轮胎气压监控控制单元以及多功能方向盘、电子后座椅等控制单元。

3. LIN 总线是一种低成本的串行通信网络，用于实现汽车中的分布式电子系统控制，采用主从控制结构。

4. MOST（Media Oriented Systems Transport，多媒体定向系统传输）是媒体信息传送的网络标准，采用光纤环形结构。

习题

1. 在奥迪 A6 轿车上的总线网络拓扑图中，哪些部件采用 LIN 总线？有哪些功能？
2. 在奥迪 A6 轿车上的总线网络拓扑图中，哪些部件采用 MOST 总线？有哪些功能？
3. 什么是蓝牙技术？在汽车上哪些系统采用蓝牙技术？

模块五

△ **汽车总线系统检修（第3版）**

丰田轿车总线系统检修

📖【能力目标】

知识目标	1. 掌握丰田轿车 CAN 总线网络的特点 2. 掌握丰田轿车总线控制单元的功用和执行元件结构 3. 掌握丰田轿车防盗系统工作原理
技能目标	1. 能够对丰田轿车总线网络电路进行分析 2. 能够诊断丰田轿车总线系统故障
素质目标	1. 具有安全意识、环保意识、法律意识 2. 具有良好的团队合作精神，以客户为中心，敬客经营的职业精神 3. 具有严谨、规范、精益求精的大国工匠精神 4. 培养技能救国、技能兴国的理念以及科技报国的家国情怀和使命担当 5. 具有正确的劳动态度以及具有爱岗敬业、吃苦耐劳的精神

📖【任务描述】

一辆 2012 年生产的丰田皇冠轿车，行驶里程 10 万 km，用户反映该车防盗系统不正常，需要维修人员对车辆进行维修，并向用户解释原因。

📖【必备知识】

5.1 丰田汽车车载网络应用

丰田车系多路传输通信系统 MPX，丰田车系在网关 ECU 内置了三种通信电路，即 CAN、BEAN、AVC-LAN。这三种电路的通信速率，见表 5-1。

表 5-1 三种电路的通信速率

项目	CAN	BEAN	AVC-LAN
通信速度/（kb/s）	500	10	17.8
通信导线	双绞线	单线	双绞线
电气信号种类	差分电压	单线电压	差分电压
数据长度/字节	1~8（可变）	1~11（可变）	0~32（可变）

BEAN（Body Electronic Area Network，车身电子局域网络）是丰田汽车专利的双向通信网络。

AVC-LAN（Audio Visual Communication-Local Area Network，音响视听局域网络）主要用于音频和视频设备中的通信网络。

CAN 总线是符合国际标准化组织（ISO）标准的串行数据通信网络。这些网络的通信协议是不同的。内置 CPU 从不同的总线接收数据，对数据进行处理，再按照各通信协议把该数据发送到总线上去，各个网络通信协议不同，传输速率不同，翻译工作由网关来完成。网关的结构简图如图 5-1 所示，网关的安装位置如图 5-2 所示。

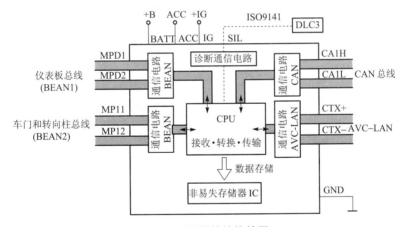

图 5-1 网关的结构简图

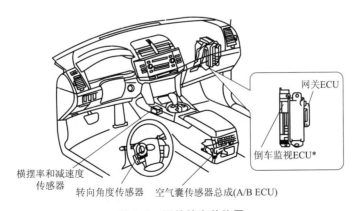

图 5-2 网关的安装位置

多个 ECU 连接到通信线路上，终端电阻（120 Ω）安装在总线主线路上，可以由连接到回线的网络来决定差分电压。CAN 通信网络的组成如图 5-3 所示。

车身多路通信 BEAN 通过扩展控制对象，提高了控制数据量，另外，它是一种多总线车身电子局域网，由仪表板 BEAN 系统、转向柱 BEAN 系统和车门 BEAN 系统组成。仪表板多路通信 BEAN 如图 5-4 所示。仪表板系统多路通信网络 ECU 的功能见表 5-2。

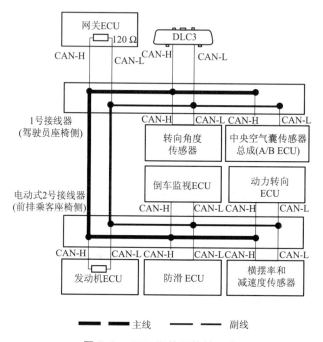

图 5-3　CAN 通信网络的组成

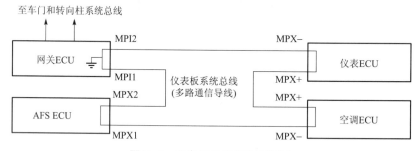

图 5-4　仪表板多路通信 BEAN

表 5-2　仪表板系统多路通信网络 ECU 的功能

ECU	主要功能	ECU	主要功能
AFS ECU	AFS（Adaptive Front-lighting System，自适应前照灯系统）的车辆	空调 ECU	控制加热器和空调系统以及车窗除雾气系统
仪表 ECU	控制仪表和计量系统	网关 ECU	在 CAN 通信和各车载多路通信之间传送数据

车门和转向柱系统总线的电路如图 5-5 所示。

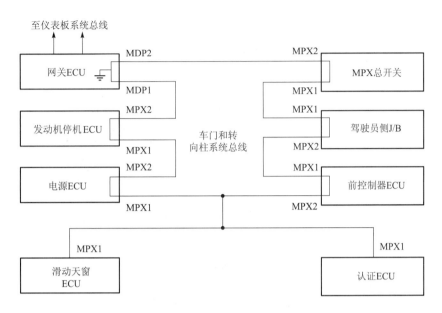

图 5-5　车门和转向柱系统总线的电路

车门和转向柱系统多路通信网络 ECU 的功能见表 5-3。

表 5-3　车门和转向柱系统多路通信网络 ECU 的功能

ECU	主　要　功　能
发动机停机 ECU	控制防盗（停机）系统
电源 ECU	控制按键起动系统
滑动天窗 ECU	控制滑动天窗系统
认证 ECU	控制智能进入和起动系统
前控制器 ECU	控制照明（前照灯近光以外的前车用灯）和喇叭
驾驶员侧接线盒 ECU	控制电动车窗、电子门锁、防盗系统
MI 气总开关	控制电动车窗系统
网关 ECU	在 CAN 通信和各车载多路通信之间传输数据

车门和转向柱系统转向 ECU 的位置如图 5-6 和图 5-7 所示。

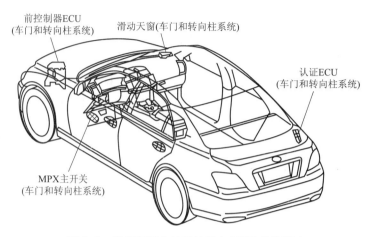

图 5-6　车门和转向柱系统转向 ECU 的位置 1

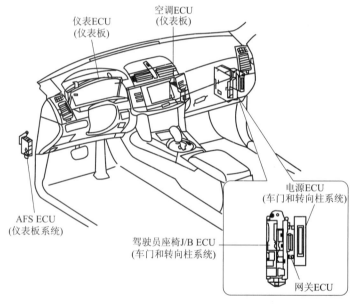

图 5-7　车门和转向柱系统转向 ECU 的位置 2

5.2　雷克萨斯轿车网络系统

5.2.1　雷克萨斯轿车网络系统的组成

　　雷克萨斯 LS430 轿车全车电控单元以网关为中心，设置了几个总线系统，包括仪表板总线、门控总线、转向柱总线、Back-up 总线（控制转向信号灯、尾灯、制动灯和后雾灯）、AVC-LAN，其车身网络通信系统如图 5-8 所示，GS430/300 车身网络控制系统如图 5-9 所示，各总线 ECU 见表 5-4。

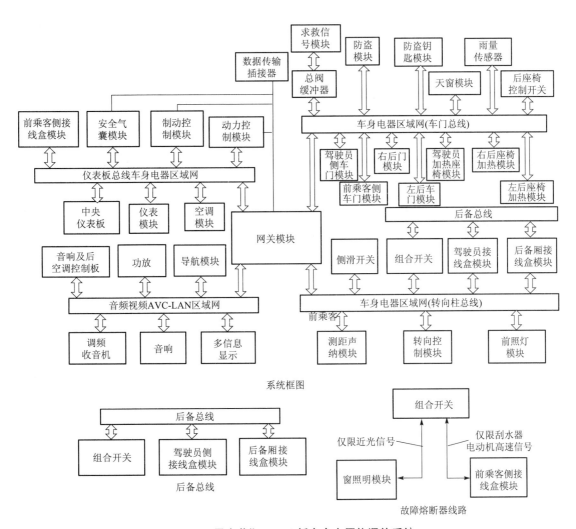

系统框图

图 5-8 雷克萨斯 LS430 轿车车身网络通信系统

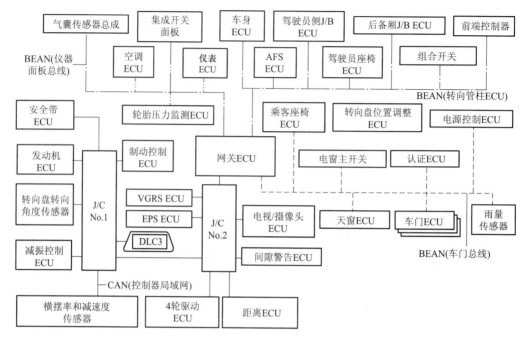

图 5-9   GS430/300 车身网络控制系统

表 5-4   各总线 ECU 表

	总线类型		ECU	
网关 ECU	CAN	J/C No.1 带终端电路	发动机 ECU（ECM）	安全带 ECU
			减振器 ECU	制动 ECU
			横摆率和减速度传感器	
			转向角传感器	DLC3
		J/C No.2 带终端电路	EPS ECU	VGRS ECU
			距离 ECU	4 轮驱动 ECU
			摄像 ECU/倒车指示监视器 ECU	间隙警告 ECU
	BEAN	仪表面板总线	仪表 ECU	空调 ECU
			集成开关面板	轮胎压力监测 ECU
			气囊传感器总成	
		转向总线	车身 ECU	驾驶员侧 J/B ECU
			后备厢 J/B ECU	前照灯转弯自动调整系统 ECU
			驾驶员座椅 ECU	转向盘位置调整 ECU
			前端控制器	组合开关

续表

总线类型		ECU		
网关ECU	BEAN	车门总线	车门ECU	
			认证ECU	电源ECU
			天窗ECU	电动车窗控制开关
			雨量传感器	
	AVC-LAN		导航ECU	音像ECU
			多功能显示ECU	

5.2.2　雷克萨斯轿车总线网络系统的特点

整车CAN用主总线线路和辅助总线线路连接各传感器和控制单元，如图5-10所示。主总线线路的终端有一个电阻，防止信号反射，使提供信号更稳定。雷克萨斯RX330轿车的CAN线路连接了防滑ECU、转向角度传感器、横摆率和减速度传感器以及DLC3（3号诊断连接器）。通过DLC3使用诊断仪可以检测CAN通信的故障码，DLC3通过CAN-H和CAN-L传输故障信息。

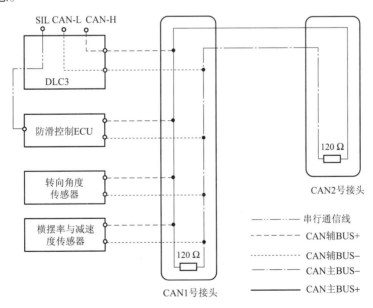

图 5-10　整车 CAN 的接线图

1. CAN 元件布置

雷克萨斯RX330车型中，CAN包含CAN 1 号接头、CAN2 号接头、防滑ECU、转向角度传感器、横摆率与减速度传感器和DLC3等元件，安装位置如图5-11所示。

2. 通信线

BEAN 通信一般采用单线传输，CAN 和 AVC-LAN 通信采用双线传输。

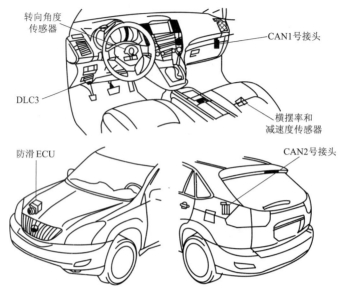

图 5-11　CAN 元件的位置

3. CAN、BEAN 与 AVC-LAN 的区别

（1）通信协议不同

各个电控单元所采用的数据传输速度、传输线和信号不同，因此要有明确的通信协议来完成通信。

（2）传输速率不同

CAN 的传输速率快，因此应用在底盘控制系统。CAN、BEAN 与 AVC-LAN 对比见表 5-5。

表 5-5　CAN、BEAN 与 AVC-LAN 对比

协议	CAN	BEAN （Toyota 标准）	AVC-LAN （Toyota 标准）
系统	底盘电子系统	车身电控系统	
通信速率	500 kb/s （最大 1 Mb/s）	最大 10 kb/s	最大 17.8 kb/s
通信线	双绞线	AV 单线	双绞线
驱动形式	差分电压驱动	单线电压驱动	差分电压驱动
数据长度/字节	1~8	1~11	0~32

5.3　丰田锐志轿车 MPX 系统检修

5.3.1　电动车窗系统

丰田锐志轿车所有车门玻璃均具有防夹机构，并且所有车型标配有单触式自动电动车

窗。所有座位车门玻璃的遥控均是由嵌入式 MPX 车身 1 号 ECU 的车身多路通信系统来完成的。系统控制通过脉冲传感器（霍尔 IC）来检测必需的车门玻璃位置/移动方向，以求系统的简化，另外在实施检查、调整之后，对其进行初始化操作。

1. 电动车窗的组成部件

电动车窗元件位置如图 5-12 所示。电动车窗主要组成部件的功能见表 5-6。

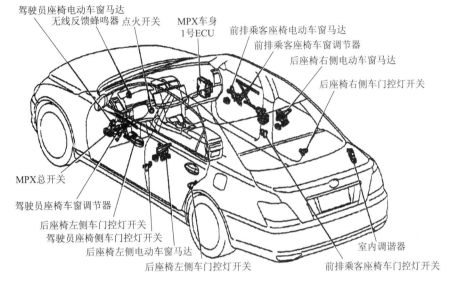

图 5-12　电动车窗元件位置

表 5-6　电动车窗主要组成部件的功能

组成部件	主　要　功　能
车窗调节器	通过各座椅电动车窗马达的正转/反转，控制车门玻璃的上升/下降
电动车窗马达	通过正转/反转，驱动各座椅车窗调节器
MPX 总开关	① 进行电动车窗系统的主控 ② 通过内置调节器，驱动驾驶员座椅电动车窗马达 ③ 各车门的电动车窗遥控信号通过双向车身多路通信发送到 MPX 车身 1 号 ECU ④ 检测车窗锁定开关的状态信号，通过双向车身多路信号发送到 MPX 车身 1 号 ECU ⑤ 从驾驶员座椅接线盒 ECU 接收无线电动车窗控制信号判定驾驶员座位车门玻璃夹物
MPX 车身 1 号 ECU（驾驶员侧接线盒 ECU）	① 钥匙开锁提醒开关、驾驶员座椅车门控灯开关等信号通过双向车身多路信号发送到 MPX 总开关 ② 接收从智能接收器发出的信号，通过双向车身多路通信把无线电动车窗信号发送到 MPX 总开关

续表

组成部件	主 要 功 能
MPX 前排乘员座椅、后座椅右侧、后座椅左侧车门玻璃开关	① 通过内置继电器，驱动各座椅电动车窗马达 ② 判定各座位的车门玻璃是否夹物
点火开关	检测点火开关的状态（IG ON 或 IG OFF），输出到 MPX 总开关
各座椅车门控灯开关	① 检测各车门的开闭状态（车门开为 ON，车门关为 OFF），并传输到驾驶员侧接线盒 ECU ② 点火钥匙断开操作判定
驾驶员座椅门锁总成	检测内置的门锁控制开关（用于钥匙起动），以及驾驶员座椅门锁开关的状态（闭锁时为 OFF，开锁时为 ON），并输出到 MPX 总开关
车内调谐器	接收、判断从智能钥匙发出的微弱电波（识别码），如果识别为本车码，便把各种操作信号发送到认证 ECU 中
钥匙	向车内调谐器发送微弱的电波（识别码）

MPX 总开关和各门窗开关如图 5-13 所示。

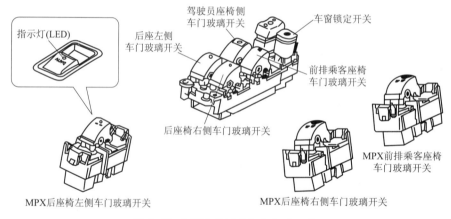

图 5-13　MPX 总开关和各门窗开关

2. 电动车窗的电路控制

（1）防夹机构

在手动上升或是自动上升过程中，只要是玻璃夹住了异物，车门玻璃就会自动下降约 50 mm（或者停留 1 s），为了防止防夹机构的误操作，使车门玻璃不能完全关闭，通过对该车门玻璃开关持续 10 s 的自动上升操作，才能取消防夹机构的操作。

（2）手动上升与下降功能电路分析

电动车窗的电路控制如图 5-14 所示，打开点火开关，将驾驶员座椅车门玻璃开关或者各个座椅车门玻璃开关置于上升（或下降），形成工作电路：

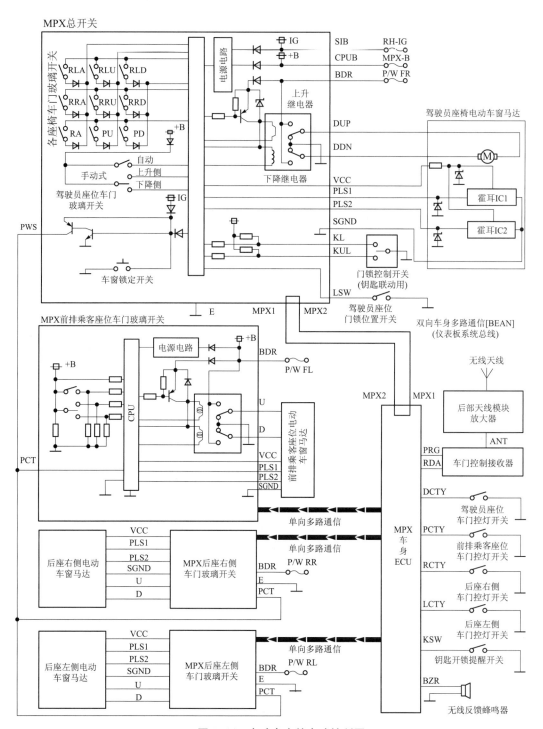

图5-14　电动车窗的电路控制图

① 电流流经 BDR 端子→上升/下降继电器 DUP（DDN）端子→电动车窗马达→DDN 端子（DUP 端子）→下降（上升）继电器→搭铁，各座椅电动车窗马达便会转向各自的上升（下降）方。

② 通过 MPX 总开关进行遥控：打开点火开关，对各个车门玻璃的开关在上升（下降）进行操作，内置的 CPU 就会将上升开关置于 ON，通过双向车身多路通信将其作为该开关的遥控上升（下降）信号发送到 MPX 车身 1 号 ECU。

③ 自动上升和下降控制：打开点火开关，将驾驶员座椅车门玻璃开关或者各座椅车门玻璃开关置于上升（或下降），实行操作，内置的 CPU 将手动上升/下降置于 ON，这也会输入自动开关 ON，就如同使上升继电器（下降继电器）置于 ON 的手动上升操作一样，使各个座位的电动车窗电动机运转。这时内置的 CPU 对电动车窗内置的霍尔 IC 发出的脉冲信号进行计数，即使检查出开关状态为 OFF，也会通过电动车窗马达的转数检查手段，使车门玻璃到达全闭（全开）位置为止，将上升继电器设置于 ON。

（3）通过 MPX 总开关进行遥控自动操作

打开点火开关，通过各座椅侧车门玻璃开关进行上升（下降）方的操作，内置的 CPU 输入上升开关 ON 以及自动开关 ON，通过双向车身多路通信，将其作为该开关的"遥控自动上升（下降）"信号发送到 MPX 车身 1 号 ECU。MPX 车身 1 号 ECU 把接收的双向车身多路通信数据转换为单向多路通信数据，传送到各座椅侧车门玻璃开关。该 MPX 车门玻璃开关接收"遥控自动上升（下降）"信号，通过各座椅侧车门玻璃开关，如同自动操作一样，将电动车窗电动机转动到全闭（全开）位置。

（4）与发射器联动的车门玻璃上升和下降功能

MPX 总开关通过双向车身多路通信，接收从驾驶员座椅接线盒 ECU 发出的无线电动车窗上升（下降）工作指示信号，把内置的上升继电器（下降继电器）设置为 ON，使驾驶员座椅电动车窗电动机向上升（下降）方向运转，通过双向车身多路通信，将各座椅车门无线电动车窗上升（下降）操作指示信号发送到 MPX 车身 1 号 ECU 中。

如果 MPX 车身 1 号 ECU 接收了前排乘员座椅/后座椅右侧/后座椅左侧车门的无线电动车窗上升（下降）操作指示信号，就能把这些信号作为单向多路通信的数据，发送给各座椅侧车门玻璃开关，和手动操作一样，使各座椅电动车窗电动机旋转到上升（下降）一侧。

5.3.2　中央控制门锁系统

丰田锐志轿车配备"车门钥匙联动门锁"，具备钥匙锁止功能以及碰撞感应车门锁解除功能。门锁采用了保护器一体式外壳，驾驶员座位侧车门钥匙筒和门锁总成直接耦合，以及和车门内侧手柄的拉索式连接，增强了车辆的防盗性能。

1. 系统组成

门锁系统由 MPX 车身 1 号 ECU（驾驶员侧接线盒 ECU）、各座位门锁总成、MPX 总开关、各座位车门控灯开关、网关 ECU、中央气囊传感器总成、各气囊传感器等元件组成。电子门锁系统组成元件位置如图 5-15 和图 5-16 所示。

2. 元件功能

● MPX 车身 1 号 ECU（驾驶员侧接线盒 ECU）：使用各种开关、车速、碰撞检测、双向车身多路通信的数据等检测汽车状态，并根据内置继电器驱动所有座位侧门锁电动机。

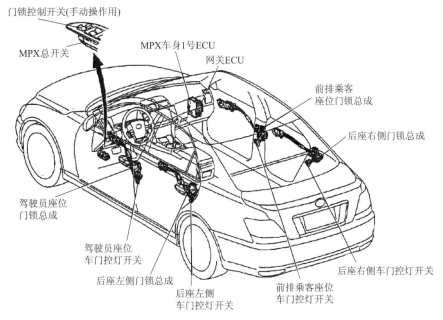

图 5-15　电子门锁系统元件位置 1

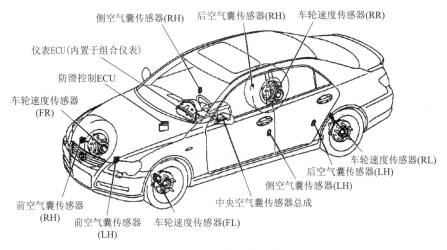

图 5-16　电子门锁系统元件位置 2

- 各座位门锁总成：通过内置的各座位侧门锁电动机的正转或逆转，对各座位的车门分别锁止或开锁。通过内置的各座位门锁位置开关，分别检测各座位侧车门的锁止或开锁状态（锁止 OFF，开锁 ON），检测出内置的门锁控制开关（用于钥匙联动）状态，将锁止或开锁的要求信号输出到 MPX 总开关（仅限驾驶员座位侧）。

- MPX 总开关：检测出各门锁控制开关（手动操作用）和驾驶员座位侧门锁位置开关的状态，根据双向车身多路通信，发送到驾驶员侧接线盒 ECU。

- 各座位车门控灯开关：检测出各座位车门的开闭状态，车门开为 ON，车门关为 OFF，输出到驾驶员侧接线盒 ECU（用于钥匙锁入防止功能等）。

- 网关 ECU：作为各通信网络（双向车身多路通信）的连接点，中转通信数据。

- 中央气囊传感器总成：通过各安全气囊传感器发出的信号，使用内置的碰撞传感器检测车辆受到的碰撞并传输到驾驶员侧接线盒 ECU（用于碰撞感应车门上锁解除功能）。

- 各气囊传感器：检测到碰撞，并将其传输到中央气囊传感器总成（用于碰撞感应车门上锁解除功能）。

3. 电子门锁系统电路控制

（1）手动上锁（开锁）操作

如果将 MPX 总开关的门锁控制开关（手动操作用）操作为上锁（开锁），MPX 总开关发出的驾驶员座位手动上锁（开锁），开关信号由双向车身多路通信传输到驾驶员侧 J/B ECU。接收到此信号的驾驶员侧 J/B ECU 就会打开上锁（开锁）继电器，驱动各座位车门上锁电动机，对车门上锁（开锁）。

（2）车门钥匙联动上锁（开锁）操作

将机械式钥匙插入驾驶员座位车门钥匙筒，进行上锁（开锁）操作，门锁控制开关（钥匙联动用）就在上锁（开锁）时打开，由此，MPX 总开关发出的驾驶员座位侧车门钥匙联动上锁（开锁）开关信号就会由双向车身多路通信输出到驾驶员侧 J/B ECU，和手动上锁（开锁）操作相同，对各座位车门上锁（开锁）。电子门锁系统电路控制如图 5-17 所示。

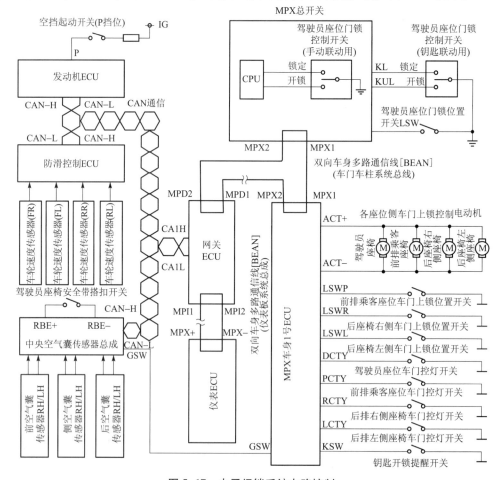

图 5-17   电子门锁系统电路控制

（3）钥匙锁入防止操作

在钥匙开锁提醒开关以及驾驶员座位侧车门控灯开关 ON 的信号输入驾驶员侧 J/B ECU 的状态下，如果将驾驶员座位侧车门上锁按钮切换到上锁一侧，MPX 主开关就会检测到驾驶员座位上锁位置开关的 OFF 状态。接收此信号的驾驶员侧 J/B ECU 就会打开开锁继电器，分别驱动车门上锁电动机，对车门开锁。

（4）碰撞感应门锁解除操作

根据从中央气囊传感器总成接收到的碰撞检测信号，驾驶员侧 J/B ECU 对所有座位车门开锁。当点火开关处于 ON 时或者从 ON 到 OFF 的 4 s 内，如果车辆受到的撞击力超过了规定值，中央气囊传感器总成检测到后，将碰撞检测信号输出到驾驶员侧 J/B ECU。如果驾驶员侧输入了从中央气囊传感器总成发出的碰撞检测信号，在经过碰撞感应开锁延迟时间（约 10 s）后，就会打开开锁继电器，驱动各座位侧车门上锁电动机，对车门开锁。开锁操作完成后驾驶员侧 J/B ECU 禁止输入所有车门上锁信号，除非将点火开关从 OFF 转到 ON，车速从约 15 km/h 提高到 20 km/h，并持续 5 s 以上，或者通过门锁控制开关（手动操作用）进行上锁操作，如果点火开关从 ON 转到 OFF，驾驶员座位车门从"开"到"关"（驾驶员座位车门控灯开关从 ON 到 OFF）时可以接收。

5.3.3　无线遥控系统

1. 无线车门上锁（开锁）操作

按下上锁键（开锁键），就会从发射器钥匙（无线遥控）、智能钥匙以及无线车门上锁钥匙发出微弱电波式的本车识别代码和功能代码。车门控制接收器或车内调谐器（配备智能进入和起动系统的车型）接收到这些信号后，通过内部的高频率电路开始对其进行认证和分辨。车门控制接收器进行识别代码认证和功能代码分辨，如果识别代码和本车代码一致，并且功能代码识别为"上锁"（"开锁"），这些信号就会作为代码数据输出到驾驶员侧 J/B ECU。另一方面，如果配备智能进入和起动系统的车型的认证 ECU 和车门控制接收器进行同样的分辨和识别，这些信号也会被作为代码数据输出到驾驶员侧 J/B ECU。

驾驶员侧 J/B ECU 接收到上锁（开锁）信号后，和手动上锁（开锁）操作相同，打开上锁继电器（开锁继电器），并对所有车门上锁（开锁）。

2. 后备厢门开启操作

如果按下后备厢键，就会从发射器钥匙（无线遥控）、智能钥匙以及无线车门上锁钥匙发出微弱电波式的识别代码和功能代码。车门控制接收器或车内调谐器（配备智能进入和起动系统的车型）接收到这些信号后，通过内部的高频率电路开始对其进行认证和分辨。

车门控制接收器进行识别代码认证和功能代码分辨时，如果识别代码和本车代码一致，并且功能代码识别为"后备厢门开启"，这些信号就会作为代码数据输出到驾驶员侧 J/B ECU。另一方面，如果配备智能进入和起动系统的车型的认证 ECU 和车门控制接收器进行同样的分辨和识别，这些信号也会作为代码数据输出到驾驶员侧 J/B ECU。

接收到这些信号的驾驶员侧 J/B ECU，在钥匙开锁提醒开关 OFF 的状态下，如果检测到所有座位侧车门控灯开关为 OFF，就会驱动后备厢盖开启电动机，打开后备厢门。无线遥控系统电路控制如图 5-18 所示。

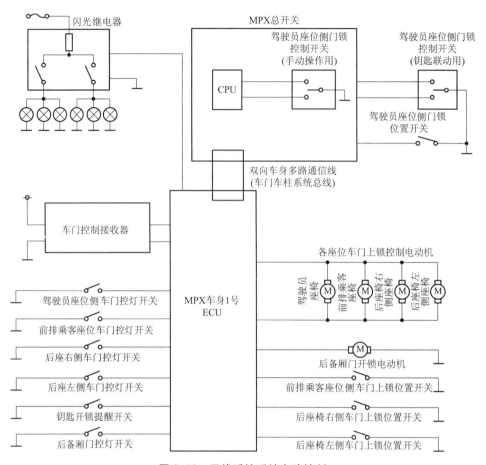

图 5-18　无线遥控系统电路控制

5.3.4　防盗系统

防盗系统包括门锁控制系统和无线门锁遥控系统，当有人企图强行进入车内打开发动机舱盖或后备厢门时，或当蓄电池端子被断开又重新接上时，防盗系统启动。防盗系统由车身ECU 进行控制，防盗系统工作时，其警告方式见表5-7。

表 5-7　防盗系统工作时警告方式

警告方法	前照灯	闪烁
	尾灯	闪烁
	危急警告灯	闪烁
	车内灯	闪烁
	喇叭	发出间隔 0.4 s 的警告音
	防盗喇叭	发出间隔 0.4 s 的警告音
	门锁电动机	锁止
警告时间		27.5 s

防盗系统控制原理如图 5-19 所示。防盗系统元件位置如图 5-20~图 5-22 所示。

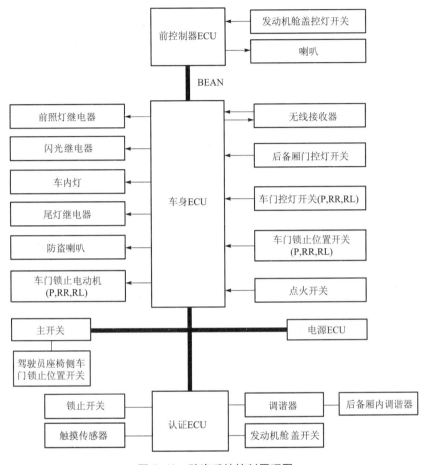

图 5-19　防盗系统控制原理图

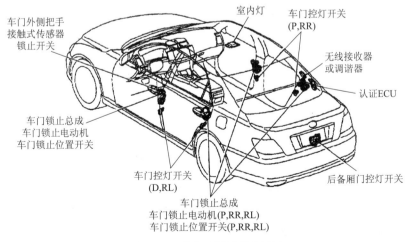

图 5-20　防盗系统元件位置 1

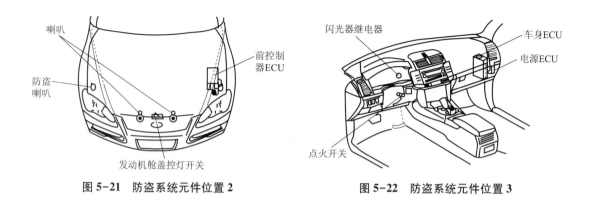

图 5-21　防盗系统元件位置 2　　　　　图 5-22　防盗系统元件位置 3

5.3.5　巡航系统

巡航控制开关集成了主开关和操作开关，安装在转向盘右侧，确保使用方便。通过发动机 ECU，对巡航系统的所有功能进行控制。巡航控制系统的主电源 ON/OFF、系统的异常声音均通过 CRUISE 起动警告灯来显示，内置于组合仪表上。

带有内置处理器的发动机 ECU 可提供减速控制、加速控制、取消、计算车速、马达输出控制、超速挡控制等功能，内置的微电脑可输入各种来自不同开关和传感器的信号，根据记忆中存储的程序对这些信号进行加工，并控制节气门控制电动机。此外，可以用组合仪表内的 CRUISE 起动警告指示灯进行系统故障诊断。锐志轿车巡航系统电路控制如图 5-23 所示。

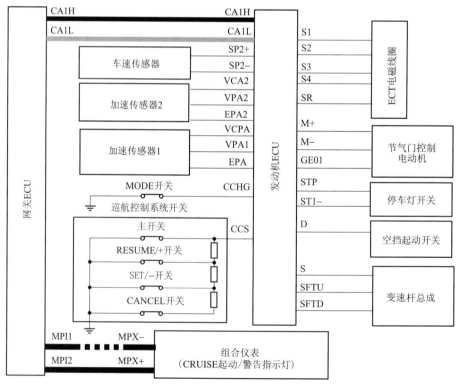

图 5-23　锐志轿车巡航系统电路控制

5.3.6　自动空调系统

空调 ECU 安装在前排乘员座椅前的仪表板内，鼓风机单元侧面，如图 5-24 所示，可以用于对空调进行全自动控制。此外，空调 ECU 是构成车身多路通信系统的ECU 之一，能与发动机 ECU 及仪表 ECU等通过各通信线路的传输接收各种数据。锐志轿车自动空调控制电路如图 5-25所示。

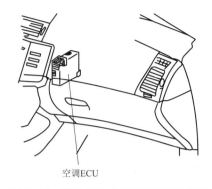

图 5-24　锐志轿车空调 ECU 安装位置

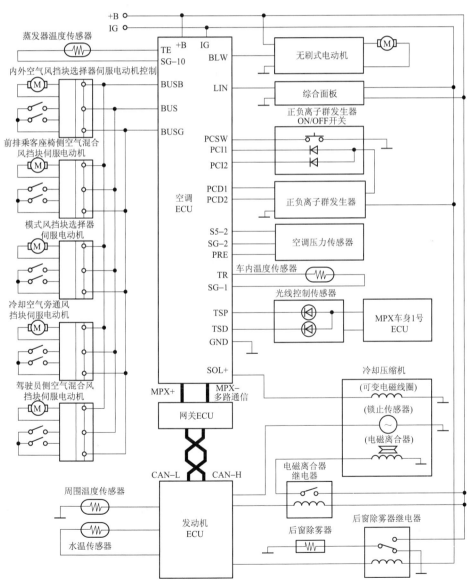

图 5-25　锐志轿车自动空调控制电路

5.3.7 视频系统

视频系统采用了多功能显示屏显示导航、音频、空调等各种信息。

1. 系统组成

系统包括多功能显示屏与导航 ECU、显示面板、GPS 接收器、陀螺传感器、DVD-ROM 播放器、音响头部单元、功率放大器、用于地图的 DVD-ROM 光盘、集成天线、组合仪表、扬声器、驻车制动开关、空挡起动开关等元件。锐志轿车视频系统元件位置如图 5-26 所示。

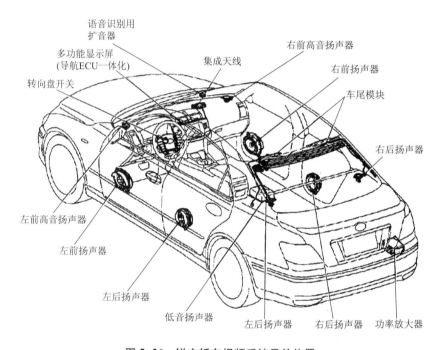

语音识别用扩音器
多功能显示屏(导航ECU一体化)
转向盘开关
集成天线
右前高音扬声器
右前扬声器
车尾模块
右后扬声器
左前高音扬声器
左前扬声器
左后扬声器
低音扬声器
左后扬声器
右后扬声器
功率放大器

图 5-26 锐志轿车视频系统元件位置

2. 元件功能

（1）多功能显示屏与导航 ECU

导航 ECU 的一体化构造，在进行以导航系统为主的丰田电子多功能可视系统的各种控制的同时，也把各个画面显示在显示屏上。

① 显示面板用于显示主 ECU 发出的图像信号，显示地图画面和操作画面，被输入的各种操作信号输出到用于导航的主 ECU。

② 导航 ECU 通过 GPS 接收器发出的信号检测本车的位置，通过组合仪表测出的车速信号可以算出汽车的行驶距离，通过陀螺传感器发出的信号判断前进方向，通过 DVD-ROM 播放器读出的地图信息数据以及算出的本车位置等，作为图像信号输出到用于显示的主 ECU，导航提示语音信号输出到左前高音扬声器和左前扬声器。

（2）GPS 接收器

把 GPS 天线接收到的信号解调出来，输出到用于导航的主 ECU。

（3）陀螺传感器

检测出车辆垂直方向的转速（横摆率、自转），输出到导航的主 ECU。

（4）DVD-ROM 播放器

读出用于地图的 DVD-ROM 光盘中所存储的数据，输出到用于导航的主 ECU。

（5）音响头部单元

从 DVD-ROM 中读取数据，把图像信号输出到多功能显示屏，而将音频信号输出到功率放大器。

（6）功率放大器

把音响等音频信号输出到扬声器，读取 DVD，播放器的音频数据通过内置的解码器独立输出。

（7）用于地图的 DVD-ROM 光盘

在多功能显示屏下部的用于导航的 DVD-ROM 播放器中安装有一张用于记录地图信息、介绍语音、目的地搜索等数据的光盘。

（8）集成天线

接收从高度约为 2 万 km 的地球轨道上所设置的 GPS 卫星随时发出的轨道信号和发出时刻的信息，输出到 GPS 接收器。

（9）组合仪表

把车速信号（脉冲信号）输出到多功能显示屏上。

（10）扬声器

输出导航提示语音以及音响和声音。

（11）驻车制动开关

把驻车制动 ON 信号输出到多功能显示屏上。

（12）空挡起动开关

把挡位信号输出到多功能显示屏上。

3. 电路控制

锐志轿车多功能可视系统电路控制如图 5-27 所示。

4. 丰田电子多功能可视系统导航功能

通过 GPS 语音导航可以对本车的位置进行定位，并在地图上显示出来。通过画面显示，将到达目的地的提示路线信息以及提示语音进行通知。锐志轿车可视语音导航系统工作过程如图 5-28 所示。

5.3.8　锐志轿车倒车监视器系统

1. 系统功能

通过多功能显示屏的画面显示来辅助停车操作，倒车监视器 ECU 是利用安装在车辆后部的倒车监视器摄像机的图像，利用 CAN 通信输入的转向角度传感器等接收的车辆状态参数进行计算，得出各导向路线信息，并将该信息传入多功能可视系统上。倒车监视器 ECU 发出的信号通过内置的主 ECU 控制，在多功能显示屏上显示倒车监视器画面。锐志轿车倒车监视器系统功能如图 5-29 所示。

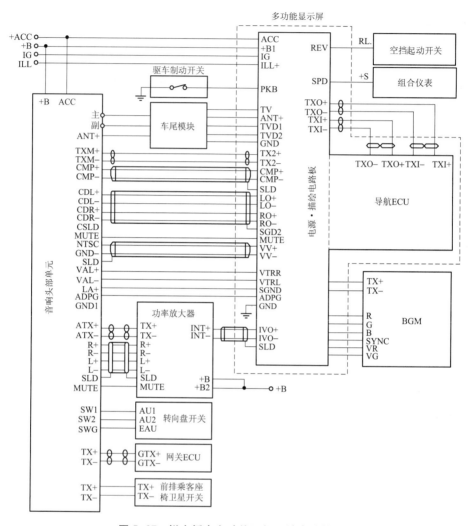

图 5-27　锐志轿车多功能可视系统电路控制

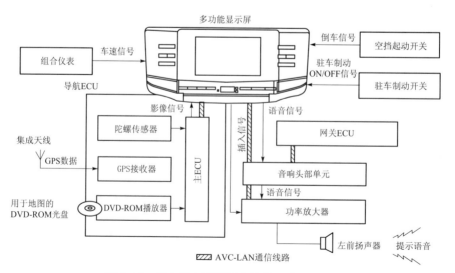

图 5-28　锐志轿车可视语音导航系统工作过程

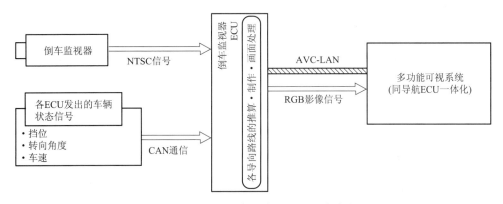

图 5-29　锐志轿车倒车监视器系统功能

2. 系统组成

　　系统由倒车监视器摄像机、倒车监视 ECU、多功能显示屏（与导航 ECU 一体）等元件组成，如图 5-30 所示。倒车监视器摄像机安装在后备厢外侧装饰物内，将拍摄到的车辆后方图像信号输出到倒车监视器 ECU。倒车监视器 ECU 安装在仪表板前排乘员座椅一侧，它通过 CAN 通信收集车辆信息和多功能显示屏发出的信号，并根据此信号自动打开/关闭倒车监视器摄像机。倒车监视器 ECU 取得倒车监视器摄像机拍摄的画面，并利用 CAN 通信得到的转向盘转向信号制作出各导向线的图像信号，输出到多功能显示屏。根据倒车监视器 ECU 发出的图像信息，在画面上显示出车辆后方图像及各导向路线图。多功能显示屏将 RGB 图像信号输出到倒车监视器 ECU，同时将车辆角速度数据输出到倒车监视器 ECU。

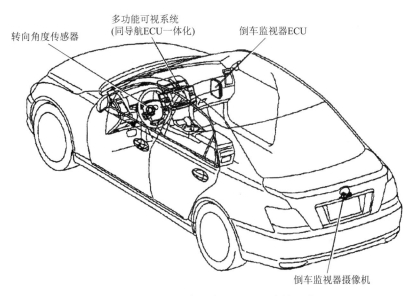

图 5-30　锐志轿车倒车监视器系统的组成

5.3.9 蓝牙电话

锐志轿车中，通过在多功能可视系统中内置对应蓝牙单元，在使用和本车相对应的蓝牙功能手机的情况下，就不必在免提设备的手机框中放入手机，便能使用免提电话。锐志轿车蓝牙电话工作过程如图 5-31 所示。

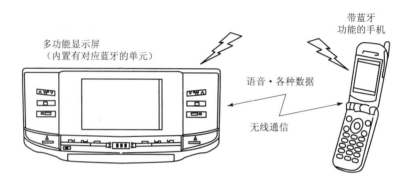

图 5-31 锐志轿车蓝牙电话工作过程

蓝牙功能的手机不用直接操作手机就能使用电话功能，不用连接手机就可以免提通话，发送或者接收信息后，通过语音识别扩音器和车载扬声器进行通话。锐志轿车蓝牙电话通信系统元件位置如图 5-32 所示。

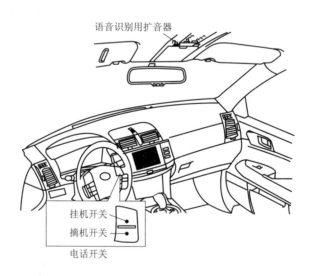

图 5-32 锐志轿车蓝牙电话通信系统元件位置

5.4　丰田凯美瑞轿车 CAN 总线系统的检修

5.4.1　概述

新型凯美瑞轿车使用通信速度不同的两种 CAN：HS-CAN（500 kbit/s）和 MS-CAN（250 kbit/s）。HS-CAN 由 1 号 CAN 总线和 2 号 CAN 总线组成。1 号 CAN 总线的终接电阻器置于发动机 ECU 和仪表 ECU 中，2 号 CAN 总线的终接电阻器置于 CAN 网关 ECU 和接线器（前 LH）中。

MS-CAN 由 MS 总线组成。MS 总线的终接电阻器置于主体 ECU 和认证 ECU 中。对于无智能进入和启动系统的车型，终接电阻器置于接线器 RH Ⅱ 中。

带有网关功能的 ECU 用于总线之间传输数据（CAN 网关 ECU 用于 1 号 CAN 总线和 2 号 CAN 总线之间的数据传输，主体 ECU 用于 1 号 CAN 总线和 MS 总线之间的数据传输），如图 5-33～图 5-37 所示。

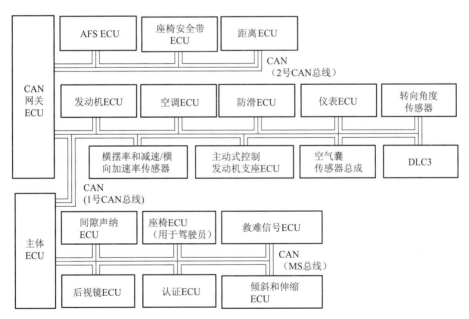

图 5-33　丰田凯美瑞轿车多路通信系统

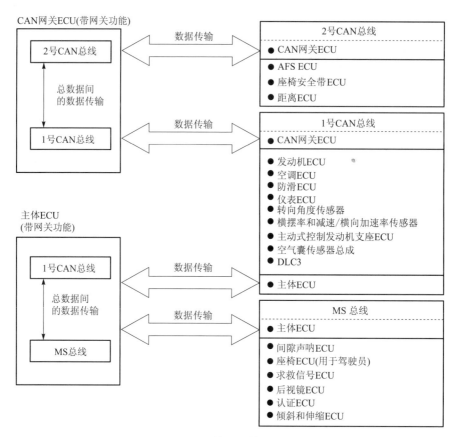

图5-34　总线之间的数据传输

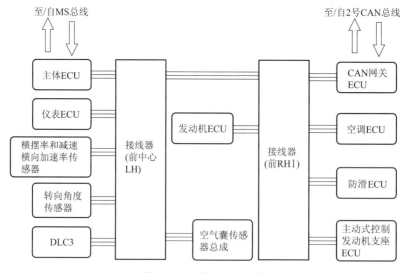

图5-35　1号 CAN 总线

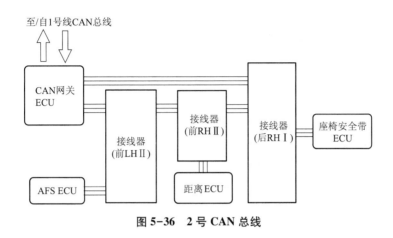

图 5-36　2 号 CAN 总线

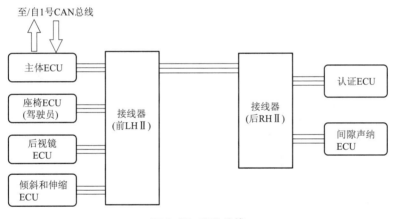

图 5-37　MS 总线

5.4.2　主要组件分布

丰田凯美瑞轿车 CAN 总线主要组件的分布如图 5-38 所示。

5.4.3　丰田凯美瑞轿车 CAN 总线系统的设置

丰田凯美瑞轿车 CAN 总线系统可以使用智能测试仪 IT Ⅱ进行设定，见表 5-8。

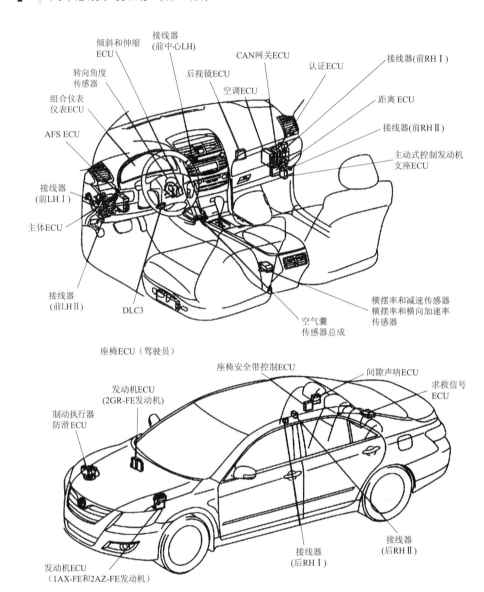

图 5-38   丰田凯美瑞轿车 CAN 总线主要组件分布图

表 5-8   智能测试仪 IT II 设置内容

系统	IT II 显示	内　　　容	默认设置	可用设置
无线门锁	Trunk Lid Operation（后备厢门操作）	更改用发射器开启后备厢的操作方法	0.8sPR	1TIME（1 次）/ 2TIME（2 次）/ 0.8s PR/OFF
	Wireless Control （无线控制）	打开/关闭无线门锁的功能	ON	ON/OFF
	Hazard Answer Back （危急反馈）	打开/关闭无线门锁危急反馈的功能	ON	ON/OFF

续表

系统	IT Ⅱ 显示	内　容	默认设置	可用设置
无线门锁	Wireless Buzzer Resp（无线蜂鸣器回应）	开启/关闭无线蜂鸣器回应的功能	ON/OFF	ON/OFF
	Open Door Warn（门未紧闭警告）	用无线门锁锁止车门时，如果车门未紧闭，此功能使蜂鸣器鸣响 10 s	ON/OFF	ON/OFF
	Auto Luck Time（自动锁止时间）	此功能更改用无线门锁开锁之后至重新锁止的时间	30 s	30 s/60 s
	Unlock 2 Operation（两次开锁操作）	运用此功能，按发射器的开锁按钮 1 次开锁驾驶员侧车门，按 2 次开锁所有车门。设置为 OFF（关闭）时，按 1 次开锁所有车门	OFF	ON/OFF
	Panic Function（警示功能）	运用此功能，一直按住发射器的锁止按钮 1.5 s 可运行防盗系统。如果配备了警示按钮，则要按警示按钮，而不要按锁止按钮	ON	ON/OFF
门锁	Unlock Key Twice（开锁键两次）	运用此功能，对该键执行 1 次操作仅开锁驾驶员侧车门，对该键执行 2 次操作开锁所有车门。设置为 OFF（关闭）时，按 1 次 "UNLOGK"（开锁）开锁所有车门	OFF	ON/OFF
电动窗	Door Key P/W Up（用车门钥匙升起电动车窗）	运用此功能，当电源/点火钥匙位于 OFF 时，将驾驶员侧车门钥匙保持在锁止侧 1.5 s，以手动升起所有车门窗	ON	ON/OFF
	Door Key P/W Down（用车门钥匙降下电动车窗）	运用此功能，当电源/点火钥匙位于 OFF 时，将驾驶员侧车门钥匙保持在开锁侧 1.5 s，以手动降下所有车门窗	ON	ON/OFF
	P/W Up W/Transmit（用发射器升起电动车窗）	运用此功能，当电源/点火钥匙位于 OFF 时，按住发射器锁止按钮 2.5 s，以手动升起所有车门窗	ON	ON/OFF
	P/W Down W/Transmit（用发射器降下电动车窗）	运用此功能，当点火钥匙位于 OFF 时，按住发射器开锁按钮 2.5 s，以手动降下所有车门窗	ON	ON/OFF
	Up/Smart（升起/智能）	运用此功能，当点火钥匙位于 OFF 时，按住智能锁止按钮 2.5 s，以手动升起所有车门窗	ON	ON/OFF

系统	IT Ⅱ 显示	内　容	默认设置	可用设置
进入照明	Illumination System（照明系统）	出现以下任一情况时，此功能点亮脚部照明和门内把手灯：电源/点火钥匙 OFF，门未锁或门打开	ON	ON/OFF
	Light Control（灯光控制）	当电源/点火钥匙位于 ON、挡位位于除 P 以外的任何位置时，此功能点亮脚部照明和门内把手灯，但灯光微弱	ON	ON/OFF
	Lighting Time（照明时间）	此功能改变车门关闭后的照明时间（当电源/点火钥匙转到 ON 后照明将迅速减弱）	15 s	7.5 s/15 s/30 s
	I/L When ACC OFF（ACC OFF 时点亮车内灯）	电源/点火钥匙从"ACC"转到"OFF"时，此功能点亮车内灯	ON	ON/OFF
	I/L ON W/ Door Unlock（车门开锁时点亮车内灯）	车门开锁时，此功能点亮车内灯	ON	ON/OFF
警告	Key Low Battery Warning（钥匙电池电量低警告）	此功能在钥匙电池电量减弱时，第一次设置警告	ON	ON/OFF
	Seat Belt Warning（座椅安全带警告）	此功能更改座椅安全带警告蜂鸣器的设置	D/P OFF D/P ON DON	D/PON/DON/PON/D/POFF D/OFF ON
灯控制	Sensivity（敏感度）	调整灯照明的敏感度	NORMAL（正常）	LIGHT2（亮2）/LIGHT1（亮1）/NOTMAL（正常）/DARK1（暗1）/DARK2（暗2）
	Response Time（响应时间）	当进入隧道，灯光控制开关在 AUTO 位置时，此功能可改变尾灯亮的延迟时间	0.15 s	1.0 s/0.15 s
	Disp EX ON Sen（减弱组合仪表指示灯、空调指示灯、时钟等的光亮度）	减弱组合仪表指示灯、空调指示灯、时钟等的光亮度	NORMAL	LIGHT2/LIGHT1/NORMAL/DARK1/DARK2
	Disp EX OFF Sen（取消减弱组合仪表指示灯、空调指示灯、时钟等的光亮度）	取消减弱组合仪表指示灯、空调指示灯、时钟等的光亮度	NORMAL	LIGHT2/LIGHT1/NORMAL/DARK1/DARK2

续表

系统	ITⅡ显示	内　　容	默认设置	可用设置
滑动天窗	Door Key Related Open（车门钥匙连动开启）	运用此功能，当点火开关在 OFF 位置时，将驾驶员侧车门钥匙保持在开锁位置 1 s 或更长时间，可手动开启与电动窗连动的滑动天窗	ON	ON/OFF
	Door Key Related Close（车门钥匙连动关闭）	运用此功能，当点火开关在 OFF 位置时，将驾驶员侧车门钥匙保持在锁止位置 1.5 s 或更长时间，可手动关闭与电动窗连动的滑动天窗	ON	ON/OFF
	Wireless Key Related Open（无线钥匙连动开启）	运用此功能，当点火开关在 OFF 位置时，按住发射器开锁按钮 2.5 s 或更长时间，可手动开启与电动窗连动的滑动天窗	ON	ON/OFF
	Wireless Key Related Close（无线钥匙关联关闭）	运用此功能，当点火开关在 OFF 位置时，按住发射器锁止按钮 2.5 s 或更长时间，可手动关闭与电动窗连动的滑动天窗	ON	ON/OFF
	Door Key Related Operation（车门钥匙关联操作）	运用此功能，当点火开关在 OFF 位置时，将驾驶员侧车门钥匙保持在开锁位置 1.5 s 或更长时间，可选择与电动窗连动的滑动天窗的打开方向	SLIDE（滑动）	TILT（倾斜）/SLIDE（滑动）
空调	Wireless Key Related Operation（无线钥匙关联操作）	运用此功能，当点火开关在 OFF 位置时，按住发射器开锁按钮 2.5 s 或更长时间，可选择与电动窗连动的滑动天窗的打开方向	SLIDE	TILT/SLIDE
	Set Temperature Shift（设定温度切换）	根据显示的温度切换温度	NORMAL	+2 ℃/+1 ℃/NORMAL/-1 ℃/-2 ℃
	Air Inlet Mode（进气模式）	空调开启时如希望车室迅速冷却，可用此功能将模式自动切换到 RECIRCULATED（循环）模式	AUTO	MANUAL/AUTO
	Compressor Mode（压缩机模式）	运用此功能，当鼓风机打开、空调关闭时，按下 AUTO 按钮可自动开启空调	AUTO	MANUAL/AUTO
	Compressor/Air Inlet DEF Operation（压缩机/进气除霜操作）	空调关闭时，此功能与 FRONT DEF（除霜）按钮连动，自动打开空调	LINK（联动）	NORMAL（正常）/LINK（联动）

系统	IT Ⅱ 显示	内　　容	默认设置	可用设置
空调	Evaporator Control（蒸发器控制）	此功能将蒸发器控制置于 AUTOMATIC 位置（AUTO）以节电，或至最冷位置（MANUAL）进行除湿和防止车窗起雾	AUTO	MANUAL/AUTO
	Foot/DEF Auto Mode（脚部/除霜自动模式）	打开 AUTO MODE（自动模式）时，该功能可使气流从 FOOT/DEF ON（脚部/除霜打开）中吹出	ON	ON/OFF
	Foot/DEF Automatic Blow Up Function（脚部/除霜自动吹起功能）	打开除霜器时，此功能可自动改变鼓风机风速	ON	ON/OFF
智能进入和启动	Select IG ON Available Area（选择 IG ON 有效区域）	此功能可选择起动发动机和取消转向锁止键的有效区域	ALL（所有）	FRONT（前）/ALL（所有）
	Park Wait Time（驻车等待时间）	设置锁上车门之后再开启车门须等待的时间	3.0 s	1.0 s/2.0 s/3.0 s/5.5 s
	Trunk Open Mode（后备厢开启模式）	此功能可使用按钮开启后备厢	ON	ON/OFF

【任务实施】

任务一　丰田轿车总线网络认知

任务要求：

1. 通过任务实施，让学员能够掌握丰田轿车舒适总线网络拓扑。

2. 能够使用示波器测量丰田轿车 CAN、BEAN、LAN 总线波形。

任务工单：

任课教师		学时	
班级		学生姓名	
模块	模块五 丰田轿车总线系统检修	学习时间	
任务	丰田轿车总线网络认知	学习地点	
仪器与设备	VAS6150、VAS6356、FSA740、万用表、丰田轿车		
参考资料	丰田轿车维修手册及电路图		

	1. 丰田轿车总线网络类型及速率，补齐下列表格
	三种通信电路速率表

项目	CAN	BEAN	AVC-LAN
通信速度（Kb/s）			17.8
通信导线	双绞线	单线	
电气信号种类		单线电压	差分电压
数据长度/字节	1~8（可变）	1~11（可变）	0~32（可变）

课堂学习

2. 下图所示为丰田轿车网关示意图，试指出网关在车上位置，并写出控制网络结构

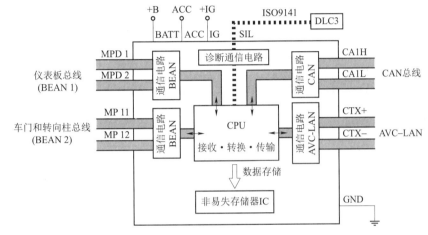

3. 下图为丰田锐志轿车电动车窗元件位置图，写出 MPX 总开关的功能

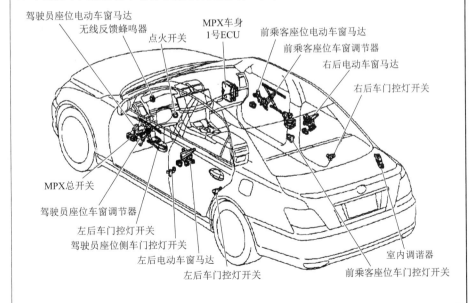

思考	丰田凌志为例说出防盗系统的功能

任务二　丰田轿车总线网络故障诊断

任务要求：

1. 通过任务实施，让学员能够诊断丰田总线网络故障。

2. 能够使用丰田专用诊断仪。

3. 做好"5S"管理。

（丰田轿车电路图）

任务工单：

任课教师		学时	
班级		学生姓名	
模块	模块五 丰田轿车总线系统检修	学习时间	
任务	丰田轿车总线网络故障诊断	学习地点	
仪器与设备	丰田专用诊断仪、FSA740、万用表、丰田轿车		
参考资料	丰田轿车维修手册及电路图		
课堂学习	1. 下图为丰田轿车电动车窗控制电路图，试分析主驾驶侧不能控制副驾驶侧电动车窗升降的故障原因 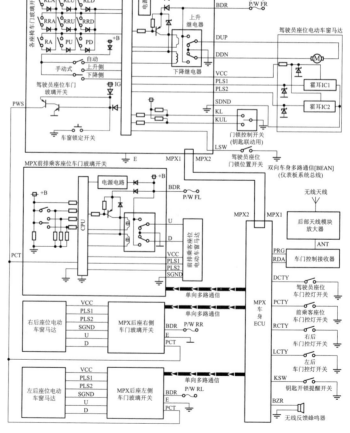		

续表

课堂学习	2. 下图为丰田轿车电动门锁控制电路图，试分析主驾驶侧不能控制整车门锁锁闭的故障原因 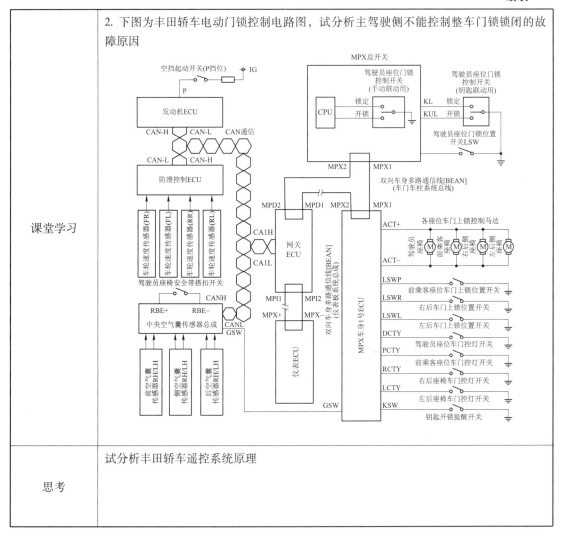
思考	试分析丰田轿车遥控系统原理

 小结

1. 丰田车系多路传输系统 MPX，丰田车系在网关 ECU 内置了三种通信电路，即 CAN、BEAN、AVC-LAN。

BEAN（Body Electronic Area Network，车身电子局域网络），是丰田汽车专利的双向通信网络。

AVC-LAN（Audio Visual Communication-Local Area Network，音响视听局域网络）主要用于音频和视频设备中的通信网络。

CAN 总线是符合国际标准化组织（ISO）标准的串行数据通信网络。

2. 雷克萨斯 LS430 轿车全车电控单元以网关为中心，设置了几个总线系统，包括仪表板总线、门控总线、转向柱总线、Back-up 总线（控制转向信号灯、尾灯、制动灯和后雾灯）、AVC-LAN。

3. 新型凯美瑞轿车使用通信速度不同的两种 CAN：HS-CAN（500 kbit/s）和 MS-CAN（250 kbit/s）。HS-CAN 由 1 号 CAN 总线和 2 号 CAN 总线组成。1 号 CAN 总线的终接电阻器置于发动机 ECU 和仪表 ECU 中，2 号 CAN 总线的终接电阻器置于 CAN 网关 ECU 和接线器（前 LH）中。

 习题

1. 以丰田雷克萨斯为例说出多路传输系统有哪些。
2. 参考图 5-14 读出锐志轿车电动车窗电路。

本田轿车总线系统检修

【能力目标】

知识目标	1. 掌握本田轿车总线网络的特点 2. 掌握本田轿车总线控制单元的功用和执行元件结构 3. 掌握本田轿车防盗系统工作原理
技能目标	1. 能够对本田轿车总线网络电路进行分析 2. 能够诊断本田轿车总线系统故障
素质目标	1. 具有安全意识、环保意识、法律意识 2. 具有良好的团队合作精神，以客户为中心，敬客经营的职业精神 3. 具有严谨、规范、精益求精的大国工匠精神 4. 培养技能救国、技能兴国的理念以及科技报国的家国情怀和使命担当 5. 具有正确的劳动态度以及具有爱岗敬业、吃苦耐劳的精神

【任务描述】

　　一辆 2004 款广州本田雅阁轿车车门锁不工作，用遥控器进行开门、锁门时，门锁均能响应。但用钥匙开门、锁门时，其他 3 个门锁均没有反应，要求维修人员进行维修。

【必备知识】

6.1　本田雅阁轿车多路集中控制系统

6.1.1　多路集中控制系统的组成

本田雅阁轿车采用的多路集中控制系统（Multiplex Integrated Control System，MICS），由车身控制器局域网（Body Controller Area Network，B-CAN）和快速控制器局域网（Fast

Controller Area Network，F-CAN）组成。各局域网控制模块见表 6-1。各控制模块的连接如图 6-1 所示。

表 6-1 各局域网控制模块

B-CAN 连接的控制模块	仪表板控制模块
	继电器控制模块
	多路集成控制模块（MICU）
	车门多路控制模块
	空调控制模块
F-CAN 连接的控制模块	仪表板控制模块
	ECM/PCM
	TCS

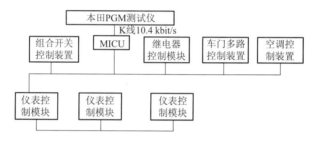

图 6-1 各控制模块的连接

B-CAN 以相对较低的速度（33.33 kbit/s）在各控制模块之间进行数据传输，用于对响应速度要求不高的电气系统元件的控制（如舒适系统的数据传输）。

F-CAN 以相对较高的速度（500 kbit/s）在仪表板控制模块和 ECM/PCM 之间进行数据传输，例如用于对响应速度要求较高的电气系统元件的控制（如驱动系统的数据传输）。其中，仪表板控制模块与两个局域网都有连接，用于实现 B-CAN 和 F-CAN 之间数据的双向传输，两个局域网中各控制模块能够共享信息。

在 B-CAN 和 F-CAN 中各控制模块用统一的格式进行数据传输。数据通过一条通信导线在各控制模块之间传输。这样，数据可以在同一时间被局域网上的其他控制模块接收。由于 F-CAN 上的数据更为重要，所以 F-CAN 中用另一条导线对通信线路进行监测。另外，B-CAN 内前照灯和刮水器电路中有一个备用电路，以防止在通信线路或控制模块损坏时，影响它们正常工作。

6.1.2 多路集中控制系统的功能

本田雅阁轿车多路集中控制系统具有以下功能：

1. 多路传输功能

本田雅阁轿车上共有 3 个多路控制单元，分别位于驾驶员侧熔断器/继电器盒内、前乘客侧熔断器/继电器盒内和驾驶员侧车门内。在每个多路控制装置之间均有专用的传输线路；车门至驾驶员侧（由车门至驾驶员侧多路控制装置之间）的导线颜色为棕色，其工作电压为 3.5~9.5 V；驾驶员侧至前乘客侧（由驾驶员侧多路控制装置至前乘客侧多路控制装置之间）的导线颜色为粉红色，其工作电压为 3.5~10 V。当系统工作时，控制装置总是通过这些线路传输信号。而当系统关闭时，它们便停止传输信号。

2. 唤醒/休眠功能

多路控制系统具有唤醒和休眠功能。该功能用以减少在关闭点火开关时蓄电池的额外消耗。在休眠模式，不需要系统工作时，多路控制装置将停止诸如信号传输、控制等各项功能操作，以节省蓄电池的电能。而当系统一旦有人为操作时（一扇车门开锁），处于休眠状态的有关控制装置就被唤醒，并立即开始运行。此控制装置还将唤醒信号通过传输线路发送给其他控制装置。当关闭点火开关，打开驾驶员侧或前乘客侧车门时，控制装置从唤醒模式转入休眠模式之前有约 10 s 的延时。

3. 失效保护功能

为防止操作不当，多路控制系统还具有失效保护功能。本田雅阁轿车多路控制系统的失效保护功能包括硬件失效保护和软件失效保护两种功能。

（1）硬件失效保护

在失效保护模式下，当系统的任何部件有故障（如控制装置或传输线路有故障）时，其输出信号都是固定的。每个控制装置都具有一个硬件失效保护，当中央处理器（CPU）有任何故障时，该功能使输出信号固定，从而可以确保车辆能够继续运行。

（2）软件失效保护

软件失效是指多路控制系统的软件损坏、丢失等，当系统某控制装置发生故障时，软件失效保护功能将不受来自有故障的控制装置的信号的影响，以保证系统正常工作。

4. 故障自诊断功能

多路控制系统具有简单的故障自诊断功能，对自身及周边电路的故障进行诊断，通过故障代码的形式帮助修理人员排除故障。

多路集中控制系统的故障自诊断功能具有两种模式，即多路控制系统的故障自诊断（模式1）和各系统输入线路的故障诊断（模式2）。

通过上述两种故障诊断模式，多路集中控制系统能对自身的故障进行自诊断，同时还能对其他系统进行故障诊断。

（1）故障诊断模式1

以发动机故障指示灯和蜂鸣器的闪亮及发声的形式输出故障码，对多路传输系统故障进行诊断。还可以对输入电路中的故障进行诊断，如短路、断路或无电压信号。

（2）故障诊断模式2

通过操作专用工具进行故障诊断。

6.1.3 多路集中控制系统各控制模块的位置

多路集中控制系统各控制模块的位置如图6-2所示。

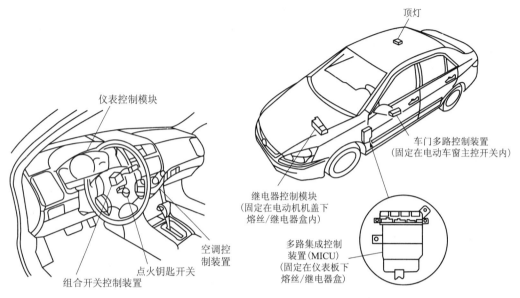

图 6-2   多路集中控制系统各控制模块的位置

6.1.4   多路集中控制系统控制模块输入/输出信号控制元件

多路集中控制系统控制模块的线路连接原理图如图 6-3 所示。多路集中控制系统控制模块输入/输出信号控制元件见表 6-2。

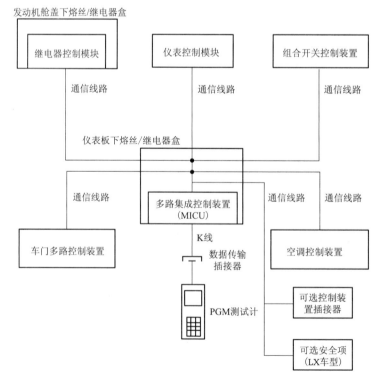

图 6-3   多路集中控制系统控制模块的线路连接原理图

表 6-2 多路集中控制系统控制模块输入/输出信号控制元件

控制模块	输入信号	输出信号/控制的器件
组合开关控制模块	变光开关 照明开关 会车灯开关 转向信号灯开关 刮水器/清洗器开关 间歇/停止时间控制器	无
继电器控制模块	A/C 压力开关 温度调节开关 发动机舱盖开关 喇叭开关 风窗玻璃刮水器电动机	前照灯、驻车灯 喇叭、风窗玻璃刮水器电动机 风窗玻璃清洗器电动机
车门多路控制模块	驾驶员侧门锁芯开关 驾驶员侧门锁钮开关 驾驶员侧门锁电动车窗开关 乘客侧电动车窗驾驶员侧门锁开关 驾驶员侧电动车窗电动机脉冲器	驾驶员侧电动车窗电动机 乘客侧电动车窗开关 电动车窗继电器
MICU	音响单元安全搭铁 制动开关 车门开关 点火锁芯开关 驻车锁销开关（A/T） 乘客制车门锁钮开关（开锁） 电动车窗电动机 座椅安全带开关 自动变速器挡位开关 后备厢开关 后备厢锁芯开关	车门锁执行器 危险警告灯 车内照明灯 点火钥匙 钥匙连锁电磁线圈 后备厢锁止执行器 转向信号灯 天窗继电器 后备厢盖开启继电器 门控灯
仪表控制模块	仪表板灯光亮度控制器 机油压力开关信号 驻车制动开关 制动液液位开关 燃油箱油位开关 选择/复位开关	灯仪表照灯 指示灯 LDE 灯 车速表 转速表 燃油表 冷却液温度里程表 ECT 表 车外温度显示
空调控制模块	蒸发器温度传感器 车内温度传感器 车外温度传感器 日照强度传感器 空气混合电动机位置信号 模式电动机位置信号 鼓风电动机控制反馈信号	空气混合控制电动机（驾驶员侧/乘客侧） 鼓风电动机晶体管 模式控制电动机 后窗除雾继电器 A/C 要求工作信号（向 PCM 要求） 循环电动机

6.2　多路集中控制系统的检测

6.2.1　多路集中控制系统线路的检测

在排除故障之前，应首先确认多路集中控制系统本身无故障。

车门侧多路集中控制电路如图6-4所示。

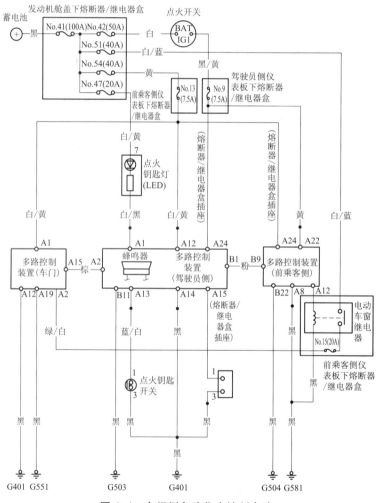

图6-4　车门侧多路集中控制电路

1. 车门侧多路集中控制电路的检测

① 拆下驾驶员侧的车门板，从车门装置上断开插头，如图6-5所示。

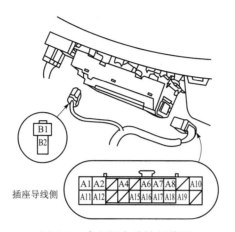

图 6-5　车门侧多路控制装置

② 检查插头和插座端子，确认其接触良好。

ⓐ 如果端子弯曲、松动或锈蚀，则需要进行必要的修理，并重新检查系统。

ⓑ 如果端子外观良好，则参考表 6-3 对插头进行检测。

表 6-3　车门侧多路集中控制装置电路端子的检测

端子号	连接导线颜色	检测方法	正常结果	异常结果及可能的故障原因
A1	白/黄	在任何情况下，用万用表检测端子与搭铁之间的电压	应为蓄电池电压	前乘客侧仪表板下熔断器/继电器盒中的 13 号（7.5 A）熔丝熔断端子连接导线断路
A2	绿/白	接通点火开关，用万用表电压挡检测端子与搭铁之间的电压	应为蓄电池电压	前乘客侧仪表板下熔断器/继电器盒中的 15 号（20 A）熔丝熔断端子连接导线断路
A12	黑	在任何情况下，用万用表电阻挡检测端子与搭铁之间的导通情况	应导通	搭铁线 G401 搭铁不良端子连接导线断路
A19	黑			搭铁线 G551 搭铁不良端子连接导线断路

2. 前乘客侧多路控制装置电路的检测

① 拆下前乘客侧仪表板下熔断器/继电器盒。

② 从前乘客侧仪表板下熔断器/继电器盒中拆下前乘客侧多路集中控制装置，如图 6-6 所示。

③ 检查插头和插座的端子，确认其均接触良好。如果端子弯曲、松动或锈蚀，则进行必要的修理，并重新检查系统。如果端子外观良好，则参考表 6-4 对插头处进行检测。

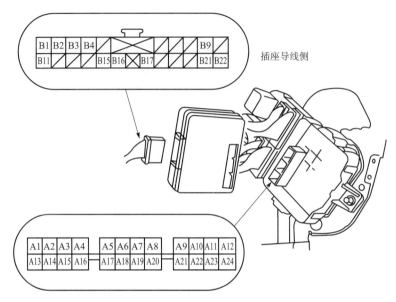

图 6-6　前乘客侧多路集中控制装置

表 6-4　前乘客侧多路集中控制装置电路端子的检测

端子号	连接导线颜色	检测方法	正常结果	异常结果及可能的故障原因
A24	熔断器/继电器盒插座	在任何情况下，用万用表检测端子与搭铁之间的电压	应为蓄电池电压	前乘客侧仪表板下熔断器/继电器盒中的 13 号（7.5 A）熔丝熔断端子连接导线断路
A8	黑	在任何情况下，用万用表检测端子与搭铁之间的导通情况	应为导通	搭铁线 G581 搭铁不良端子连接导线断路
A22	黄	接通点火开关，用万用表电压挡检测端子与搭铁之间的电压	应为蓄电池电压	前乘客侧仪表板下熔断器/继电器盒中的 9 号（7.5 A）熔丝熔断端子连接导线断路
B22	黑	在任何情况下，用万用表电阻挡检测端子与搭铁之间的导通情况	应为导通	搭铁线 G504 搭铁不良端子连接导线断路

3. 驾驶员侧多路集中控制装置线路的检测

① 拆下驾驶员侧仪表板下熔断器/继电器盒。

② 从驾驶员侧仪表板下熔断器/继电器盒中拆下驾驶员侧多路集中控制装置，如图 6-7 所示。

③ 检查插头和插座端子，确认其均接触良好。如果端子弯曲、松动或锈蚀，则进行必要的修理，并重新检查系统。如果端子外观良好，则参考表 6-5 对插头和熔断器/继电器盒插座处进行检测。

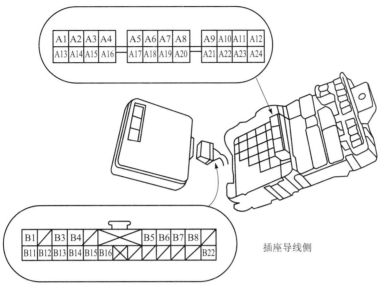

插座导线侧

图 6-7　驾驶员侧多路集中控制装置

表 6-5　驾驶员侧多路集中控制装置电路端子的检测

端子号	连接导线颜色	检测方法	正常结果	异常结果及可能的故障原因
A12	白/黄	在任何情况下，用万用表检测端子与搭铁之间的电压	应为蓄电池电压	前乘客侧仪表板下熔断器/继电器盒中的 13 号（7.5 A）熔丝熔断 端子连接导线断路
A14	黑	在任何情况下，用万用表检测端子与搭铁之间的导通情况	应为导通	搭铁线 G401 搭铁不良 端子连接导线断路
A24	熔断器/继电器盒插座	接通点火开关，用万用表电压挡检测端子与搭铁之间的电压	应为蓄电池电压	前乘客侧仪表板下熔断器/继电器盒中的 9 号（7.5 A）熔丝熔断 端子连接导线断路
A13	蓝/白	点火钥匙插入点火开关，用万用表电压挡检测端子与搭铁之间的电压	应小于1 V	点火钥匙开关故障 端子连接导线断路 搭铁线 G401 搭铁不良
A1	白/黑	在任何情况下，将端子搭铁	点火钥匙灯应点亮	发动机舱盖下熔断器/继电器盒中的 47 号（20 A）熔丝熔断 端子连接导线断路
A15	熔断器/继电器盒插座	将多路控制装置检查插头端子短路，用万用表电阻挡检测其与搭铁之间的导通情况	应导通	搭铁线 G401 搭铁不良 端子连接导线断路

续表

端子号	连接导线颜色	检测方法	正常结果	异常结果及可能的故障原因
B11	黑	在任何情况下，用万用表电阻挡检测端子与搭铁之间的导通情况	应导通	搭铁线 G503 搭铁不良 端子连接导线断路

6.2.2　多路集中控制系统故障自诊断

多路集中控制系统有两种自诊断模式：自诊断模式 1，用于 B-CAN 通信线路的检查；自诊断模式 2，用于 MICU、继电器控制模块、车门控制模块、组合开关控制模块等（除 B-CAN 通信线路以外）的检查，检查时可通过顶灯来显示相应部位的好坏。

1. 自诊断模式 1

（1）故障码读取

① 点火开关置于 ON 位置。

② 将顶灯开关置于中间位置。

③ 将专用工具 A 连接到多路控制检查插头（MCIC），如图 6-8 所示，调取多路集中控制系统故障码，约 5 s 后，顶灯和点火钥匙灯应闪烁 0.2 s，如图 6-9 所示，表示系统正处于自诊断模式 1。若顶灯不闪烁，应检查 MCIC 搭铁。在自诊断模式 1 状态，顶灯和仪表板显示屏都可以显示故障码。

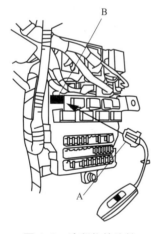

图 6-8　诊断仪的连接
A—专业工具；B—多路控制检查插头

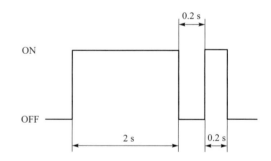

图 6-9　自诊断模式 1（顶灯和点火钥匙的闪烁）

（2）顶灯显示故障码及故障排除

进入自诊断模式 1 后大约 1 s，顶灯即会显示故障码，并且每隔 3 s 重复一次。如果有不止一个故障码，则系统将按从低到高的顺序排列显示。多路集中控制系统故障码（顶灯显示）见表 6-6。

表6-6　多路集中控制系统故障码（顶灯显示）

故障码（DTC）	故 障 码 内 容
1	MICU 无法从"总线"通信线路上接收到信号
2	MICU 无法从继电器模块通信线路上接收到信号
3	MICU 无法从电动车窗通信线路上接收到信号
4	MICU 无法从组合开关通信线路上接收到信号
5	MICU 无法从仪表控制模块处接收到信号

若有故障码出现，则按以下顺序排除故障：

① 只有 DTC1，执行 MICU 输入测试。

② 只有 DTC2，而不出现其他 DTC：执行断电器模块输入测试。如果输入情况正常，则依次用确认良好的继电器模块和 MICU 进行替换，然后重新检查 DTC 是否出现。

③ 只有 DTC3，而不出现其他 DTC：执行车门多路控制装置输入测试。如果输入情况正常，则依次用确认良好的车门多路控制装置和 MICU 进行替换，然后重新检查 DTC 是否出现。

④ 只有 DTC4，而不出现其他 DTC：执行组合开关控制装置输入测试。如果输入情况正常，则依次用确认良好的刮水器/清洗器开关和 MICU 进行替换，然后重新检查 DTC 是否出现。

⑤ 只有 DTC5，而不出现其他 DTC：执行仪表控制模块输入测试。如果输入情况正常，则依次用确认良好的仪表控制模块和 MICU 进行替换，然后重新检查 DTC 是否出现。

⑥ DTC2、DTC3、DTC4 和 DTC5 同时出现：检查以下接线是否断路，即多路集中控制装置接线端子 D11 与继电器控制模块接线端子 J7 之间的蓝接线、多路集中控制装置接线端子 J4 与车门多路控制装置接线端子 16 之间的棕/红接线、多路控制装置 X27 接线端子与组合开关控制装置接线端子 4 之间的淡绿接线、多路集中控制装置接线端子 N28 与仪表接线端子 B25 之间的棕/黄接线。如果接线正常，则依次替换仪表板下熔丝/继电器盒（多路集中控制装置）、发动机舱盖下熔丝/继电器盒、电动车窗主开关、刮水器/清洗器开关和仪表，并重新检查 DTC 是否存在（图6-10）。

（3）仪表控制模块显示故障码及故障排除

① 故障码显示。在自诊断模式1下，如果 MICU 与仪表控制模块之间的通信正常，则由各 B-CAN 装置单独检测并存储的 DTC，将逐个显示在仪表显示屏上（图6-11）。按仪表控制模块上的复位按钮，可以滚动查看故障码。存储故障码的装置可通过单程显示器（Trip display）上显示的编号予以识别，编号见表6-7。

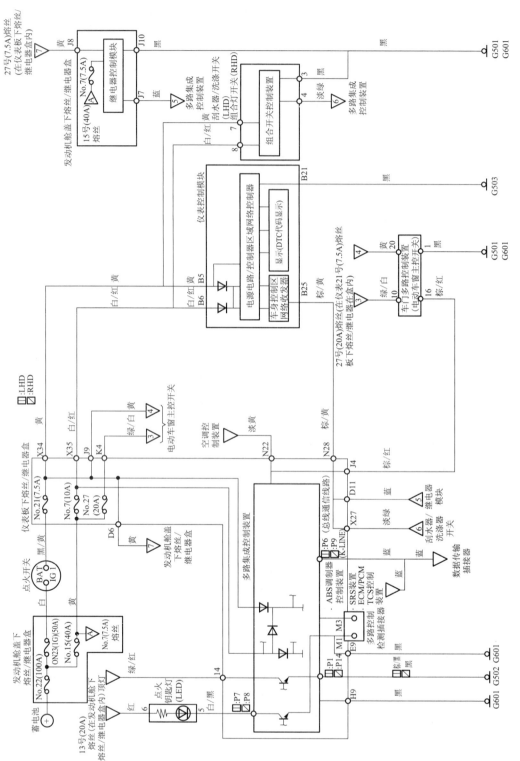

图 6 – 10 多路集中控制电路

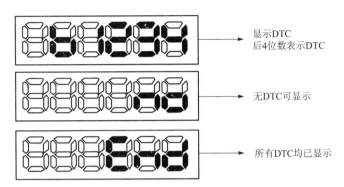

图 6-11　仪表显示屏显示 DTC

表 6-7　存储故障码显示编号

控制模块	显示编号
MICU	10
继电器控制模块	11
车门多路控制装置	30
仪表控制模块	50
空调控制装置	51
组合开关控制装置	70

② 故障码清除。在自诊断模式 1 下，按住复位按钮 10 s 以上，可消除故障码。

2. 自诊断模式 2

由自诊断模式 1 开始，从插座上断开专用工具 A 约 10 s，然后重新连接上，顶灯和点火钥匙灯会亮 2 s，然后以 0.2 s 的间隔闪烁两次，表明从自诊断模式 1 进入自诊断模式 2（图 6-12）。

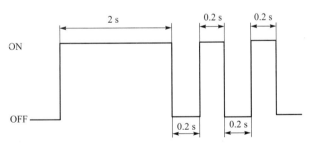

图 6-12　自诊断模式 2 顶灯和点火钥匙灯闪烁波形

要取消自诊断模式 2，必须从插座上断开专用工具 A 约 10 s，或者将点火开关置于 OFF 位置。

　　将诊断仪切换到自诊断模式 2 后，可查看表 6-8 中开关电路。如果电路正常，则顶灯只闪亮 1 次；如果电路有故障，将没有指示。在自诊断模式 2 下，相关的故障码见表 6-9。

表 6-8　自诊断模式 2 检查电路

开　　关	控制模块
驾驶员侧车门开关	MICU
前乘客侧车门开关	
左后车门开关	
右后车门开关	
后备厢锁开关	
后备厢锁芯开关（UNLOCK）	
前乘客侧门锁把手开关（UNLOCK）	
左后门锁把手开关（UNLOGK）	
右后门锁把手开关（UNLOCK）	
点火开关	
音响（HVAC）显示模块开关（断开）	
驾驶员座椅安全带开关（解扣）	
制动开关	
乘客侧门锁开关	
风窗玻璃刮水器开关（电动机停）	继电器控制模块
发动机舱盖开关	
空调器压力开关	
转向信号开关（LEFT）	组合开关控制装置
转向信号开关（RIGHT）	
组合灯开关	
变光开关	
近光开关	
风窗玻璃刮水器开关	
间歇性停止时间控制器	

表 6-9　自诊断模式 2 下的故障码

DTC	含　义	ECU	DTC 类型
B1000	通信线路错误（总线切断）	MICU	失去通信
B1001	MICU 内部错误	MICU	内部错误
B1002	MICU 内部错误	MICU	内部错误
B1005	MICU 与继电器控制模块失去通信	MICU	失去通信
B1006	MICU 与车门多路控制模块失去通信（门锁开关信息）	MICU	失去通信
B1007	MICU 与组合开关控制模块失去通信（前照灯开关信息）	MICU	失去通信
B1008	MICU 与仪表控制模块失去通信（A/T 信息）	MICU	失去通信
B1009	MICU 与组合开关控制模块失去通信（刮水器开关信息）	MICU	失去通信
B1010	MICU 与车门多路控制模块失去通信（紧急信息）	MICU	失去通信
B1026	乘客侧门锁开关故障	MICU	信号错误
B1027	后备厢钥匙芯开关故障	MICU	信号错误
B1050	通信线路错误（总线切断）	继电器控制模块	失去通信
B1055	继电器控制模块与 MICU 失去通信	继电器控制模块	失去通信
B1056	继电器控制模块与 MICU 失去通信（报警信息）	继电器控制模块	失去通信
B1057	继电器控制模块与 MICU 失去通信（车门开关信息）	继电器控制模块	失去通信
B1058	继电器控制模块与车门多路控制装置失去通信（门锁开关信息）	继电器控制模块	失去通信
B1059	继电器控制模块与车门多路控制装置失去通信（紧急信息）	继电器控制模块	失去通信
B1060	继电器控制模块与仪表控制模块失去通信（VSP/EN 信息）	继电器控制模块	失去通信
B1061	继电器控制模块与仪表控制模块失去通信（A/T 信息）	继电器控制模块	失去通信
B1062	继电器控制模块与组合开关控制模块失去通信（前照灯开关信息）	继电器控制模块	失去通信
B1063	继电器控制模块与组合开关控制模块失去通信（刮水器开关信息）	继电器控制模块	失去通信
B1075	前照灯开关故障	继电器控制模块	信号错误
B1076	风窗玻璃刮水器信号错误	继电器控制模块	信号错误
B1077	刮水器开关故障	继电器控制模块	信号错误
B1080	继电器控制模块与 MICU 供电电路（IG1 线路）输入错误	继电器控制模块	信号错误
B1100	通信电路错误（总线错误）	车门多路控制装置	信号错误
B1102	车门多路控制装置内部错误	车门多路控制装置	信号错误
B1125	驾驶员侧电动车窗电动机 A 脉冲故障	车门多路控制装置	信号错误
B1126	驾驶员侧电动车窗电动机 B 脉冲故障	车门多路控制装置	信号错误

DTC	含 义	ECU	DTC 类型
B1127	驾驶员侧门锁钥匙锁芯开关故障	车门多路控制装置	信号错误
B1128	驾驶员侧门锁开关故障	车门多路控制装置	信号错误
B1129	驾驶员侧车门把手开关故障	车门多路控制装置	信号错误
B1140	驾驶员侧电动车窗位置检测电路故障	车门多路控制装置	信号错误
B1150	通信电路错误（总线切断）	仪表控制模块	信号错误
B1152	仪表控制模块内部错误	仪表控制模块	失去通信
B1155	仪表控制模块与组合开关控制模块失去通信（前照灯开关信息）	仪表控制模块	失去通信
B1156	仪表控制区模块与组合开关控制模块失去通信（刮水开关信息）	仪表控制模块	失去通信
B1157	仪表控制模块与 MICU 失去通信	仪表控制模块	失去通信
B1158	仪表控制模块与继电器控制模块失去通信	仪表控制模块	失去通信
B1159	仪表控制模块与 MICU 失去通信（车门开关信息）	仪表控制模块	失去通信
B1160	仪表控制模块与车门多路控制装置失去通信（门锁开关信息）	仪表控制模块	失去通信
B1168	仪表控制模块与 EMC/PCM 失去通信（发动机信息）	仪表控制模块	失去通信
B1169	仪表控制模块与 ECM 失去通信（A/T 信息）	仪表控制模块	失去通信
B1175	燃油表发送装置信号故障	仪表控制模块	信号错误
B1177	蓄电池电压异常（7.5 V）	仪表控制模块	信号错误
B1178	F-CAN 通信电路错误	仪表控制模块	失去通信
B1200	通信电路错误（总线切断）	空调控制装置	失去通信
B1202	空调控制装置内部错误	空调控制装置	失去通信
B1205	空调控制装置与仪表控制模块失去通信（VSP/NE 信息）	空调控制装置	失去通信
B1206	空调控制装置与仪表控制模块失去通信（ENGTEMP 信息）	空调控制装置	失去通信
B1207	空调控制装置与仪表控制模块失去通信（ILLUMI 信息）	空调控制装置	失去通信
B1225	车内温度传感器电路断路	空调控制装置	信号错误
B1226	车内温度传感器电路短路	空调控制装置	信号错误
B1227	车外温度传感器电路断路	空调控制装置	信号错误
B1228	车外温度传感器电路短路	空调控制装置	信号错误
B1229	日光传感器电路断路	空调控制装置	信号错误
B1230	日光传感器电路短路	空调控制装置	信号错误
B1231	蒸发器温度传感器电路断路	空调控制装置	信号错误

DTC	含　义	ECU	DTC 类型
B1232	蒸发器温度传感器电路短路	空调控制装置	信号错误
B1233	驾驶员侧空气混合控制电动机断路	空调控制装置	信号错误
B1234	驾驶员侧空气混合控制电动机短路	空调控制装置	信号错误
B1235	驾驶员侧空气混合控制联动装置、门或电动机故障	空调控制装置	信号错误
B1236	乘客侧空气混合控制电动机断路	空调控制装置	信号错误
B1237	乘客侧空气混合控制电动机短路	空调控制装置	信号错误
B1238	乘客侧空气混合控制联动装置、门或电动机故障	空调控制装置	信号错误
B1239	模式控制电动机电路断路或短路	空调控制装置	信号错误
B1240	模式控制联动装置、门或电动机故障	空调控制装置	信号错误
B1241	鼓风机电动机电路故障	空调控制装置	信号错误
B1250	通信电路错误（总线切断）	组合开关控制装置	失去通信
B1251	组合开关控制装置内部错误	组合开关控制装置	内部错误
B1255	组合开关控制装置与 MICU 失去通信	组合开关控制装置	失去通信
B1275	前照灯开关 OFF 位置电路故障	组合开关控制装置	信号错误
B1276	前照灯开关 SMALL 位置电路故障	组合开关控制装置	信号错误
B1277	前照灯开关 AUTO 位置电路故障	组合开关控制装置	信号错误
B1278	前照灯开关 ON 位置电路故障	组合开关控制装置	信号错误
B1279	变光开关电路故障	组合开关控制装置	信号错误
B1280	转向信号开关电路故障	组合开关控制装置	信号错误
B1281	风窗玻璃刮水器开关 MIST 位置电路故障	组合开关控制装置	信号错误
B1282	风窗玻璃刮水器开关 INT（AUTO）位置电路故障	组合开关控制装置	信号错误
B1283	风窗玻璃刮水器开关 LOW 位置电路故障	组合开关控制装置	信号错误
B1284	风窗玻璃刮水器开关 HIGH 位置电路故障	组合开关控制装置	信号错误

6.3　故障案例

1. 广州本田雅阁轿车遥控器失效

故障现象：

一辆广州本田雅阁轿车大修后，出现车门主控制开关只能控制驾驶员侧门锁和驾驶员侧的玻璃升降，而对其余 3 门的门锁及升降玻璃均不能控制，其余控制开关均可控制其余的车门，用遥控器操作时无效。

故障诊断：

广州本田雅阁轿车车身电气采用了集中多路控制系统，共由三个部分组成：主门开关多路控制器、主门侧多路控制电脑、副门侧多路控制电脑及控制开关。三者之间由数据传输线相连，如图6-13所示。

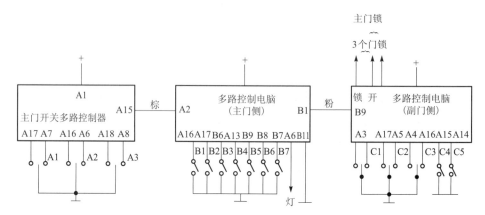

图6-13 广州本田多路控制系统局部简图

A1—主门锁按钮；A2—主门钥匙芯开关；A3—主门锁开关；B1—主门开关；B2—其余3门开关；
B3—前盖开关；B4—点火钥匙开关；B5—其余3门按钮；B6—后盖锁芯开关；B7—后盖钥匙芯开关；
C1—副门锁按钮；C2—副门钥匙芯开关；C3—副门锁开关；C4—副门开关；C5—其余3门开关

① 为了较好地排除此车的故障，通过相关电路的分析，初步判定是主门开关多路控制器出了故障，或是主门多路控制器与主门侧多路控制电脑之间的传输数据线断路，造成主门开关对其余3门的控制失效。首先读取故障码。

② 在主门侧仪表板内找到主门侧多路控制电脑，找到诊断插头（2线），人为将插头短接。打开点火开关（ON位置），此时钥匙灯亮起，蜂鸣器也响起，说明确有故障存在。

③ 通过灯的闪烁情况，读出1号码（见表6-6），含义为主门侧多路控制电脑未收到主门主开关内的多路控制器发来的信号，可能是信号传输线出了故障。

④ 将主门总开关插头拔下，同时也拔下主门侧多路控制电脑插头，测量此传输线的导通性（主开关A15脚与主门多路控制电脑A2脚，棕色线如图6-13所示）。经测量，此线良好，同时测量两插脚搭铁电阻，没有搭铁短路。装好插头，打开点火开关，再测此线的电压，结果为0.2 V，不正常。

⑤ 测主门侧多路控制电脑与副门侧多路控制电脑的信号传输线（粉色）的电压，结果为8 V左右。两条传输线功能是一样的，为何电压值却不一样呢？正常值应为3.5~9.5 V，从而证明主门主开关内部的多路控制器没有输出工作电压，检查中没发现棕色线搭铁短路，那么一定是主开关内多路控制器有故障。

⑥ 为了更准确判别故障范围，用发光二极管试灯笔接入电路，人为给传输线送一个10 V的电压（发光二极管导通压降为2 V左右），打开点火开关，试灯笔亮起，说明电压信号已加载到传输线上，此时按动主门锁按钮，结果一切正常。不但主锁开关可控制其余3门锁的开与关，同时，按动主门总开关的其他3门玻璃升降开关时，控制也一切正常。

通过分析、检测，可以确定是主门主开关内部多路控制器故障，更换多路控制器，故障排除。

　　门锁及升降玻璃故障后，开始排除遥控器失效故障。查看遥控器，是铁将军遥控器，咨询客户为何用此种防盗器的遥控器，客户说原车防盗器已坏，故后装了一套市售的铁将军防盗器。

　　⑦ 在仪表板下方找到此防盗器控制电脑，检查外表及线路、熔断器等都没发现问题。用遥控器操作开锁闭锁时，门锁无反应。

　　⑧ 为了确定故障范围，从防盗器的输出信号查起。此防盗器的中控锁控制信号均为负触发信号，它的两个开锁和闭锁输出信号一般通往主门锁开关或中控装置的输入控制端。

　　⑨ 在防盗器的输出端（白线和白/黑线）接上试灯，当操作遥控器时，无论开锁或闭锁试灯均闪亮一下，同时也可听到防盗器内部的继电器动作声，从而可判定遥控器和防盗器工作均良好，防盗器的开锁与闭锁信号已输出，故障应在线路上。

　　⑩ 在主门锁按钮插头上找到后加的控制线，接线正确良好。测量此两线与防盗器的输出线端的导通性，电阻无穷大，说明线路断路，负触发信号没有输入主门多路控制器的 A17 和 A7 脚上，顺着此线检查，在门轴线束中发现两线均断路，重新接好两线再试遥控器，门锁工作一切正常。

2. 2004 款广州本田雅阁门锁不工作

故障现象：

用遥控器进行开门、锁门时，门锁均能响应。但用钥匙开门、锁门时，其他 3 个门锁均没有反应。

故障诊断：

　　① 对客户所反映的故障现象进行确认，按主钥匙上的遥控器"LOCK"键，4 个车门上锁，按一次"UNLOCK"键，驾驶员侧车门打开，再按一次，4 个车门全部打开，遥控控制正常。用钥匙在驾驶员侧开门、锁门时，除了驾驶员侧门锁之外，其他 3 个车门门锁全部不工作，同时发现环境灯（前顶灯）处于"DOOR"位置，车顶灯处于中间位置时，无论是用遥控器还是用钥匙锁门，均不能马上熄灭。而正常情况下，在锁门 2 s 后此灯应熄灭。该车型采用了多路集成控制系统（MICS），车门多路控制装置（即左前门玻璃升降主开关）接收开门、锁门信号，传递给多路集成控制装置 MICU（与驾驶员侧熔丝盒集成一体），由多路集成控制装置控制 4 个门锁电动机的工作以及前顶灯、车顶灯的亮灭。对此车故障的维修思路有两种：第一种，从环境灯、车顶灯不能立刻熄灭着手；第二种，从在驾驶员侧用钥匙不能开门、锁门入手。

　　② 本着先易后难的原则，从第一种方法开始检查，查看电路，如图 6-14 所示，环境灯、车顶灯由 22 号、15 号、6 号熔丝提供电源，均由车身多路控制装置提供搭铁，从而控制其亮灭。

　　③ 检查与其相关的输入信号，将点火开关置于 ON 位置，开、关 4 个车门、后备厢时，仪表板上的显示器均能准确显示它们的开关状态，由此判断车门开关、后备厢开关工作正常。除了这些开关之外，与其相关的还有驾驶员侧门锁把手开关、音响 HVAC-显示模块、发动机舱盖开关。音响 HVAC-显示模块为多路集成控制装置提供零电平输入，故障概率极小；发动机舱盖开关测量不是很方便，暂且不管它，剩下的只有驾驶员侧门锁把手开关了。该开关在锁门之后为车门多路控制装置提供零电平（即搭铁）输入，并且与驾驶员侧车门

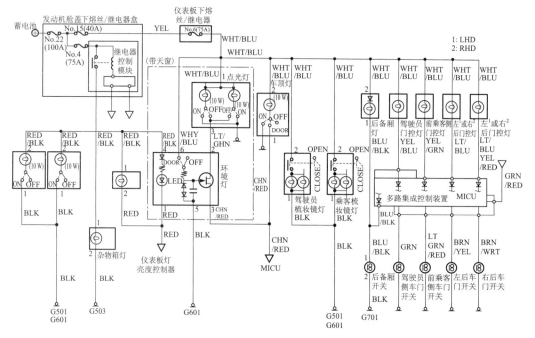

图 6-14　车灯电路

钥匙芯开关都是装在左前门内，于是拆下左前门内饰，分别对这两个开关进行测量。

④ 测量车门门锁把手开关。关上车门，然后拔下插头，当门锁处于闭锁状态时，用万用表测得开关侧 YEL/RED（黄/红）与 BLK（黑）导线之间导通；开锁状态时，WHT/BLK（白/黑）与 BLK（黑）导线之间导通，YEL/RED（黄/红）与 WHT/BLK（白/黑）之间任何状态下都不导通。由此判断，车门门锁把手开关正常。

⑤ 测量车门钥匙锁芯开关。拔下插头，锁芯开关位于中间位置时，测得开关侧 3 条导线之间均不导通，用钥匙保持闭锁状态时，测得 BLU/WHT（蓝/白）与 BLK（黑）导线之间导通，开门状态保持不放时，BLK/RED（黑/红）与 BLK（黑）导线之间导通，可见车门钥匙锁芯开关也是正常的。如图 6-15 所示，在两个插头都断开时，测得 WHT/BLK（白/黑）、YEL/RED（黄/红）、WHT（白）、WHT/RED（白/红）搭铁电压，均为 4.8 V。

与这两个开关直接相连的是车门多路控制装置，更换后再试，但考虑到它本身也是一个遥控接收器，而遥控功能正常，故障可能性也不是很大，暂且不换。除了车门多路控制装置之外，与这两个开关相连的还有一根搭铁线。

⑥ 测量车门钥匙锁芯开关的搭铁线与该搭铁点之间的电阻，为几十欧姆，检查车门线束处的两个插接器，发现位于下面的白色插接器没有插到位，因该车更换过音响扬声器，同时另外加装两根较粗的音频线，导致插接器没能插到位。因为插接器外面有橡胶皮包着，所以并不是一直都处于接触不良的状态，故障没有在安装后马上出现，但却遗留下了隐患。

重新处理后，门锁有反应，环境灯、车顶灯能熄灭，用本田专用诊断仪 HDS 检查车身电气系统，清除故障码后，故障彻底排除。

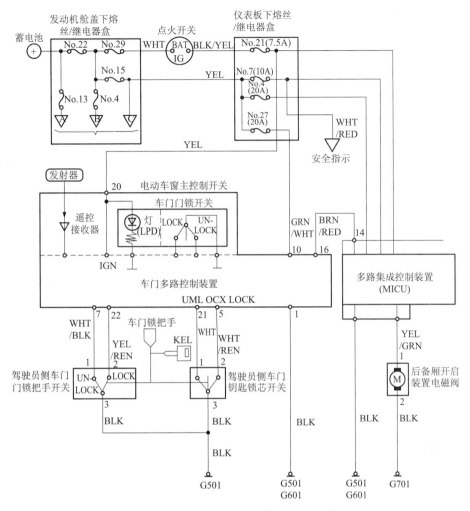

图 6-15 遥控起动/安全警报系统电路

3. 中控锁失控

故障现象：

车主发现用原车遥控器锁车门时转向灯未闪烁，随即发现无法锁门只能开锁（遥控锁门时转向灯应闪烁数下），同时用车门处的中控开关也只能开锁不能锁门。

故障诊断：

① 检查车辆并没有另加装防盗器等电子设备，排除了外加装元件引起的故障。

② 拆卸驾驶员侧车门内衬，检查车门锁电动机、中控开关的线路均正常，无松脱现象。

③ 通电测试车门锁电动机，运转正常。

④ 测量车门锁位置判断开关正常。

⑤ 测量遥控车门锁时，开锁时有电流通过车门锁电动机，闭锁时无电流通过。此车中控锁系统采用 CAN 总线系统，由两块多路控制模块控制，即由驾驶员侧车门多路控制器和驾驶室多路控制器（MICU）组成。

⑥ 通过多路控制器自诊断功能检测，无故障码，尝试更换车门多路控制器，故障依旧，

更换驾驶室多路控制器（MICU），故障排除。

维修总结：排除此类故障，首先要确认其规律性，排除加装附件引起的可能，然后按输入信号元件、线路、执行器、控制器的顺序排除。替换尝试时，应确保装配无误。

【任务实施】

任务 本田轿车总线网络系统认知

任务要求：

1. 通过任务实施，让学员能够掌握本田轿车总线网络拓扑结构

2. 能够使用示波器测量丰田轿车 MICS、B-CAN、F-CAN 总线波形

（本田轿车电路图）

任务工单：

任课教师		学时	
班级		学生姓名	
模块	模块六 本田轿车总线系统检修	学习时间	
任务	本田轿车总线网络系统认知	学习地点	
仪器与设备	本田雅阁轿车、本田轿车专用诊断仪、FSA740、万用表、本田轿车		
参考资料	本田轿车维修手册及电路图		
课堂学习	1. 简述本田雅阁轿车 B—CAN 连接控制模块、F—CAN 连接的控制模块有哪些 2. 简述 MICS 输入信号和输出信号有哪些		
思考	怎样诊断本条雅阁轿车故障		

小结

1. 本田雅阁轿车采用的多路集中控制系统（Multiplex Integrated Control System，MICS），由车身控制器局域网（Body Controller Area Network，B-CAN）和快速控制器局域网（Fast

Controller Area Network，F-CAN）组成。

2. 多路集中控制系统的功能：多路传输功能、唤醒/休眠功能、失效保护功能、故障自诊断功能。

3. 多路集中控制系统检测：多路集中控制系统线路的检测、多路集中控制故障自诊断。

 习题

1. B-CAN 和 F-CAN 的区别有哪些?

2. 怎样诊断本田雅阁轿车故障?

7 模块七

别克轿车总线系统检修

📖【能力目标】

知识目标	1. 掌握本田轿车总线网络的特点 2. 掌握本田轿车总线控制单元的功用和执行元件结构 3. 掌握本田轿车防盗系统工作原理
技能目标	1. 能够对本田轿车总线网络电路进行分析 2. 能够诊断本田轿车总线系统故障
素质目标	1. 具有安全意识、环保意识、法律意识 2. 具有良好的团队合作精神，以客户为中心，敬客经营的职业精神 3. 具有严谨、规范、精益求精的大国工匠精神 4. 培养技能救国、技能兴国的理念以及科技报国的家国情怀和使命担当 5. 具有正确的劳动态度以及具有爱岗敬业、吃苦耐劳的精神

📖【任务描述】

一辆 2008 款别克轿车车门锁不工作，用遥控器不能进行开门、锁门，但用钥匙开门、锁门时，其他 3 个门锁均没有反应，要求维修人员进行维修。

📖【必备知识】

7.1　别克荣御轿车车身串行数据通信系统原理与维修

7.1.1　UART串行通信系统

1. 串行数据的含义

当通过串行数据总线从一个控制模块向另一个控制模块依次发送信息时，所发送的信息即称为串行数据。从电子信号角度说，串行数据就是一系列由高到低迅速变化的电压脉冲串，一个电压脉冲串表示一条信息。

2. UART串行通信网络

UART是异步收发串行通信系统，它采用单线制线路，传输速率8 192 bit/s。UART串行通信网络中有1个控制串行数据总线通信的主控模块，在大多数情况下，车身控制模块就是UART总线的主控模块。UART通信采用5 V单线数据线，其系统电压为5 V。可见，UART是通过正逻辑运算相同的脉宽进行数据通信，其串行通信波形如图7-1所示。

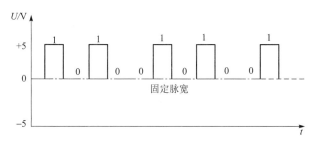

图7-1　UART串行通信波形

7.1.2　别克荣御轿车局域网

1. 别克荣御轿车串行数据总线的布局

别克荣御轿车中各种电子控制模块之间通过串行数据总线通信，发动机控制模块（ECM）、变速器控制模块（TCM）和防抱死制动系统—牵引力控制系统（ABS-TCS），利用GM LAN通信协议在串行数据总线上进行通信，而车身控制模块（BCM）则利用通用异步收发（UART）通信协议与组合仪表、音响主机（AHU）和乘客保护系统传感器及诊断模块（SDM）进行通信。

动力系统接口模块PIM（网关）集成在串行数据网络中，相当于一个"翻译"装置，可使GM LAN串行数据总线上的控制模块与UART串行数据总线上的控制模块进行通信。

图7-2所示为串行数据总线的布局图，图中所示的串行数据部件根据车辆选装件情况而有所不同。

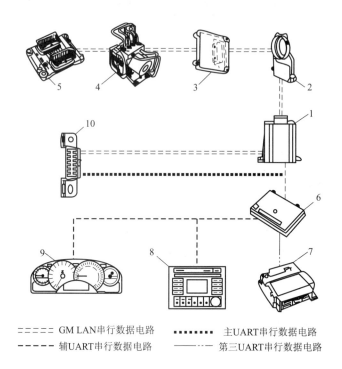

========= GM LAN串行数据电路　●●●●●●● 主UART串行数据电路
– – – – – 辅UART串行数据电路　————— 第三UART串行数据电路

图7-2　串行数据总线布局图

1—动力系统接口模块（网关）PIM；2—转向盘转角传感器；3—变速器控制模块（TCM）；
4—防抱死制动系统—牵引力控制系统（ABS-TCS）电子控制单元（ECU）；5—发动机控制模块（ECM）；
6—车身控制模块（BCM）；7—乘客保护系统传感器和诊断模块（SDM）；8—音响主机（AHU）；
9—组合仪表；10—数据链路插接器

2. 元件的位置

别克荣御轿车串行数据总线的控制单元的位置如图7-3和图7-4所示。

图7-3　发动机舱控制单元位置图

1—防抱死制动系统—牵引力控制系统电子控制单元；2—发动机控制模块

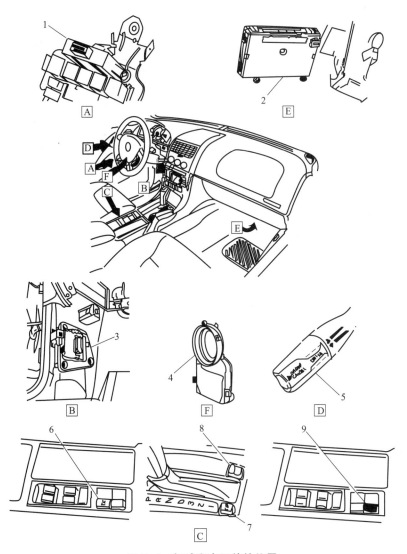

图 7-4 驾驶室内元件的位置

1—动力系统接口模块（PIM）；2—车身控制模块（BCM）；3—变速器控制模块（TCM）；

4—转向盘转角传感器；5—巡航控制开关总成；6—动力模式开关；

7—牵引力控制开关；8—电子稳定程序（ESP）开关；9—经济模式控制开关

3. GM LAN 双线传输系统

GM LAN 和 UART 协议的主要区别在于，UART 依靠总线主控模块控制信息收发，而GM LAN 的信息收发由各控制模块管理。该总线采用终端电阻作为线路终结器，位于总线线路末端的两个控制模块内。这些终端电阻的作用是防止当数据传输到 GM LAN 总线线路末端时出现反射回送。GM LAN 是一种基于控制器区域网通信协议的通信，动力系统接口模块总线终端电阻为 120 Ω，发动机控制模块总线终端电阻也为 120 Ω，GM LAN 总线是一个双线线路，如图 7-5 所示。

GM LAN 总线采用的是高速差分模式进行通信，通信速率是 500 kbit/s。GM LAN 串行通信波形如图 7-6 所示，它可以通过两个逻辑层面即隐性（未驱动）和显性（驱动）显示。

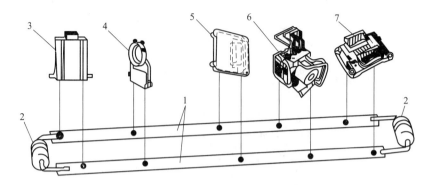

图 7-5　GM LAN 双线路传输示意图

1—CAN 总线；2—终端电阻；3—动力系统接口模块；4—转向盘转角传感器；5—变速器控制模块；
6—防抱死制动系统—牵引力控制系统电子控制单元；7—发动机控制模块

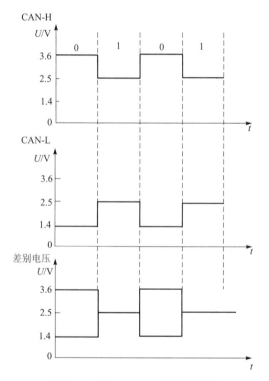

图 7-6　GM LAN 串行通信波形

① 隐性（逻辑 1）总线处于空闲状态，CAN-H 和 CAN-L 电压相同，均为 2.5 V，不存在差分电压。

② 显性（逻辑 0）总线处于被驱动状态，CAN-H 电压为 3.6 V，CAN-L 电压为 1.4 V，存在 2.2 V 差分电压。

7.1.3　别克荣御轿车局域网电路

别克荣御轿车局域网电路如图 7-7 所示，下面根据电路图进行通信网络分析。

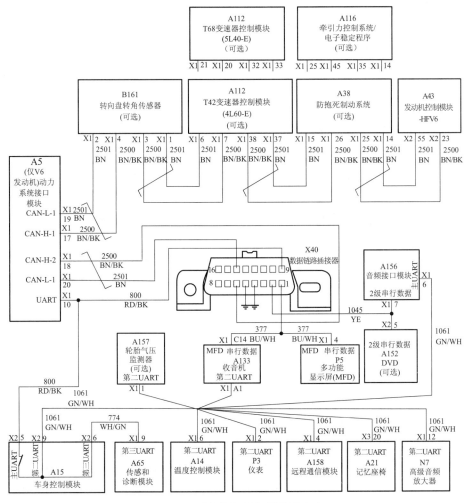

图 7-7　别克荣御轿车局域网电路

① 第一 UART 串行数据电路 800（红/黑），从车身控制模块（A15）连接到诊断插座 X40 的端子 9 和动力系统接口模块（A5）的端子 X1-10。

② 第二 UART 串行数据电路 1061（绿/白），从车身控制模块（A15）连接到以下模块：温度控制模块（A14）、组合仪表（P3）、收音机（A133）、高级音频放大器（N7）、轮胎气压监测器（A157）、音频接口模块（A15d）、记忆座椅（A21）等。

③ 第三 UART 串行数据电路 774（白/绿），从车身控制模块（A15）连接到传感和诊断模块（A65）。

其中，第二和第三 UART 串行数据电路都是通过串行数据总线隔离器连接到主串行数据线路上的。

音频接口模块（A156）与 DVD 间是通过 Class-Ⅱ 串行数据通信，并接到诊断插座 X40 的端子 2 脚。

收音机（A133）和多功能显示屏（P5）是通过第三 UART 串行数据通信的，并连接到诊断插座的 1 脚。

④ 采用 GM LAN 通信的控制模块有 5 个，分别为发动机控制模块（A43）、变速器控制模块（A112）、防抱死制动系统控制模块（A38）、牵引力控制系统电子稳定程序模块（A116）、转向盘转角传感器（B161）、动力系统接口模块（A5）。

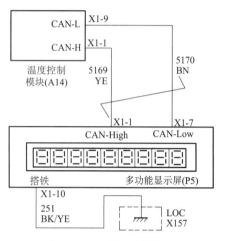

图 7-8　温度控制模块与多功能显示屏间的通信

⑤ 电路 2500（棕/黑）是 CAN-H 线，接诊断插座 X40 的端子 61。

电路 2501（棕）是 CAN-L 线，接诊断插座 X40 的端子 14 脚。

⑥ A156 音频接口模块与 A152 DVD 之间采用 Class-Ⅱ 串行数据总线连接；同时，将 Class-Ⅱ 通过电路 1045 连接到 X40 诊断接口，可直接进行自诊断。

另外，图 7-7 中还有一个没画出的线路，即温度控制模块（A14）与多功能显示屏（P5）间的通信，采用的是 GM LAN 通信，电路如图 7-8 所示。

采用车载网络通信系统可以将各操作开关的信号传递给相近的控制模块，再由此模块通过网络传递到需要此控制信号的模块，有以下控制信号传递到动力系统接口模块：巡航控制开关、牵引力控制开关、电子稳定程序控制开关、自动变速器模式开关及主动选挡开关等。这些控制信号在 PIM 内转换为串行数据在网络上传送。另外，在发动机控制模块（ECM）验证动力系统接口模块（PIM）之前，动力系统接口模块负责验证车身控制模块（BCM），以确定起动钥匙是否合法。如有任何验证过程未通过，车辆将不起动。

由以上介绍可知，如果用万用表检测车载网络通信线路，则只能检查通信线路是否对电源/搭铁短路或断路，无法用测量电压的方法判断其工作是否正常。如果怀疑车载网络通信线路故障，可用示波器通过测量线路上的波形来大致判断通信系统工作是否正常。另外，对于别克荣御轿车 GM LAN 车载网络通信系统，因在网络两个终端模块（动力系统接口模块 PIM 和发动机终端 ECM）中分别接有 2 个 120 Ω 的终端电阻，因此在断电状态，用万用表电阻挡测量诊断插座的端子 6 和 14 之间时，应有 60 Ω 的阻值。

7.2　别克荣御轿车动力接口模块故障自诊断

动力系统接口模块相当于一个透明双向译码装置，允许数据在采用 GM LAN 协议的模块和采用 UART 协议的模块之间流动。当需要在发动机和变速器模块之间通信时，发动机控制模块有时也会设置一个变速器控制模块，也能检测到故障码。

车身控制模块作为"总线主控"，定期查询（或检测）串行数据总线上的每个装置（包括车身控制模块自身）。

车身控制模块每隔 300 ms 查询每个装置 1 次，以获取状态报告，但发动机控制模块、变速器控制模块和音响系统主机是每隔 150 ms 就被查询 1 次。虽然还有其他模块和装置被连至串行数据总线，但它们仅监测总线上是否有影响其功能性的相关数据。这些模块和装置有音频接口模块（AIM）、数字视频光盘播放机（DVD）、高级音频放大器（PSA）、座椅和后视镜位置记忆模块（MSM）、多功能显示屏（MH）（经由音响系统主机）、轮胎气压监测器（TPMS）。

1. 常见串行数据传输故障码

常见的串行数据传输故障码见表 7-1。

表 7-1　常见的串行数据传输故障码

故障码	故障码说明	故障模块
U1064	串行数据通信错误	轮胎气压监测电子控制单元
U1128	无音频接口模块串行数据	数字化视频光盘播放器
U1300	Class-Ⅱ 串行数据电路电压过低	数字化视频光盘播放器
U1301	Class-Ⅱ 串行数据电路电压过高	数字化视频光盘播放器
U1304	与 UART 系统失去通信	动力系统接口模块
U2100	与 CAN 总线（高速）无通信	动力系统接口模块
U2105	CAN 总线不能与发动机控制模块通信	动力系统接口模块
U2106	CAN 总线不能与变速器控制模块通信	动力系统接口模块
U2108	CAN 总线不能与 ABS-TCS 电子控制单元通信	动力系统接口模块
U0001	控制器局域网总线通信	发动机控制模块
U0100	发动机控制模块与变速器控制模块之间的 GM LAN 总线错误	变速器控制模块
U0101	控制器局域网与变速器控制模块之间失去通信	发动机控制模块
U0121	控制器局域网动力系统接口模块超时	发动机控制模块
U0155	控制器局域网动力系统接口模块超时	发动机控制模块
U0402	来自变速器控制模块的信号无效	发动机控制模块
U0415	来自牵引力控制系统的控制器局域网信号无效	发动机控制模块
U0423	控制器局域网接口网关、来自动力系统接口模块的信号无效	发动机控制模块

2. 故障自诊断

① 故障码 DTC U1304 的故障诊断。故障码 DTC U1304 含义为与 UART 系统失去通信的诊断，该故障码诊断步骤见表 7-2。动力系统接口模块监视 UART 串行数据总线的通信量，如果动力系统接口模块检测到 UART 串行数据总线上没有任何通信量，则出现 DTC U1304。出现故障码的条件是动力系统接口模块超过 10 s 未在 UART 串行数据电路 800 上检测到任何串行数据通信。

表 7-2　故障码 DTC U1304 诊断步骤

步骤	操　作	是
1	➤ 判断是否执行了"主诊断表"	至步骤 2
2	➤ 关闭点火开关 10 s ➤ 在出现 DTC U1304 的条件下操作车辆 ➤ 使用 TECH2 选择故障诊断码显示功能 ➤ 判断 DTC U1304 是否未通过本次点火循环的测试	至步骤 3
3	➤ 用 TECH2 查看车身控制模块识别信息 ➤ 判断 TECH2 是否显示车身控制模块识别信息	至步骤 4
4	➤ 用 TECH2 查看车身控制模块的正常模式数据 ➤ 判断 TECH2 是否显示正常模式数据	至步骤 5
5	➤ 检查动力系统接口模块线束插接器是否接触不良 ➤ 判断是否发现故障并加以排除	至步骤 7
6	➤ 更换动力系统接口模块（PIM） ➤ 判断修理是否完成	至步骤 7
7	➤ 使用 TECH2 清除故障诊断码 ➤ 关闭点火开关 30 s ➤ 起动发动机 ➤ 在有故障码的条件下操作车辆 ➤ 判断 DTC U1304 是否未通过本次点火循环的测试	至步骤 2
8	➤ 用 TECH2 选择故障诊断码显示功能 ➤ 查看 TECH2 是否显示任何故障码	至相应的故障诊断码表

注：① 在完成所有诊断和修理后，清除故障码并检查系统工作是否正确。

② "主诊断表"：确认系统可以正常连接 TECH2，使用 TECH2 查看并记录动力系统接口模块是否出现故障码 DTC U1064、U2100、U2105、U2106、U2108、B1009、B1013、B1014、B1000、B1019、B3057、B3924、P0633、P1611 或 P1678，若无以上故障码，说明 LAN 串行数据通信电路完好

② 故障码 DTC U2100 的故障诊断。故障码 DTC U2100 的含义为不能与 CAN 总线（高速）通信。变速器控制模块、防抱死制动系统—牵引力控制系统电子控制单元和发动机控制模块利用 GM LAN 串行数据协议发送和接收数据，而车身控制模块及其他车辆控制模块则采用通用异步收发串行数据协议进行通信。由于 GM LAN 和 UART 协议不兼容，因此在串行数据通信系统中采用了动力系统接口模块，以便在两种不同的协议之间实现通信。动力系统接口模块检测 GM LAN 电路 2501（CAN-L 线路）和 2500（CAN-H 线路）上是否存在搭铁短路或对电压短路故障。如果出现上述任何一种情况，系统将出现 DTC U2100。该故障码出现时，组合仪表多功能显示屏将显示下列信息：检查动力传动系统，尽快维修车辆，燃

油表故障——与零售商联系，以及防抱死制动系统故障。出现这些故障时，可依据表7-3的步骤进行诊断。

表 7-3　故障码 DTC U2100 诊断步骤

步骤	操　作	是	否
1	➤ 判断是否执行了"主诊断表"	至步骤2	—
2	➤ 关闭点火开关10 s ➤ 在出现 DTC U2100 故障条件下操作车辆 ➤ 使用 TECH2，选择故障诊断码显示功能 ➤ 判断 DTC U2100 是否未通过本次点火循环的测试	至步骤3	—
3	➤ 从发动机制动控制模块上断开插接器 A43~X2 ➤ 关闭点火开关10 s ➤ 在设置 DTC U2100 的条件下操作车辆 ➤ 用 TECH2 选择故障诊断码显示功能并检查 DTC U2100 是否未通过本次点火循环的测试 ➤ 判断 DTC U2100 是否未通过本次点火循环的测试 注意：当发动机控制模块（ECM）插接器断开且点火开关接通时，可能会出现其他故障码。在本故障码表中，应忽略此种情况下出现故障码	对于带手动变速器和常规制动器的车辆，至步骤7；对于所有其他车辆，至步骤6	至步骤4
4	➤ 检查发动机控制模块线束插接器端子是否短路或接触不良 ➤ 判断是否发现故障并加以排除	至步骤13	至步骤5
5	➤ 更换发动机控制模块 ➤ 判断修理是否完成	至步骤13	—
6	➤ 如果在步骤3中 DTC U2100 未通过，则断开下一个距离动力系统接口模块最远的 GM LAN 部件插接器。用 TECH2 检查 DTC U2100 是否未通过测试 ➤ 重复本程序，直到距离动力系统接口模块最近的部件插接器断开或 DTC U2100 未通过测试 ➤ 判断 DTC U2100 是否未通过本次点火循环的测试 注意：车辆上安装的 GM LAN 部件数目根据车辆配置而有所不同	至步骤7	至步骤11
7	➤ 测试距离动力系统接口模块最近的 GM LAN 部件与动力系统接口模块之间的串行数据电路2500和2501是否对电压短路、搭铁短路或自身短路，若发现故障，则加以排除	至步骤13	至步骤8
8	➤ 测试动力系统接口模块和数据链路插接器之间的串行数据电路2500和2501是否对电压短路、搭铁短路或自身短路，若发现故障，则加以排除	至步骤13	至步骤9

续表

步骤	操　　作	是	否
9	➤ 检查动力系统接口模块线束插接器是否接触不良，若发现故障，则加以排除	至步骤 13	至步骤 10
10	➤ 更换动力系统接口模块（PIM）	至步骤 13	—
11	➤ 测试步骤 3 或步骤 6 中断开后导致 DTC U2100 未通过的那个插接器与下一个距离动力系统接口模块最远的插接器之间的串行数据电路 2500 和 2501 是否对电压短路、搭铁短路或自身短路，若发现故障，则加以排除	至步骤 13	至步骤 12
12	➤ 更换导致 DTC U2100 未通过的 GM LAN 部件	至步骤 13	—
13	➤ 使用 TECH2 清除故障码 ➤ 关闭点火开关 30 s ➤ 起动发动机 ➤ 运行有故障码的条件下的车辆 ➤ 判断 DTC U2100 是否未通过本次点火循环的测试	至步骤 2	至步骤 14
14	➤ 使用 TECH2 选择故障码显示功能 ➤ 查看 TECH2 是否显示任何故障码	至相关 故障码表	系统正常

③ 故障码 DTC U2106 的故障诊断。故障码 DTC U2106 的含义为 CAN 总线不与变速器控制模块通信。其诊断步骤见表 7-4。动力系统接口模块不断接收来自变速器控制模块的信息。如果动力系统接口模块未在预定时间内接收到信息，则出现 DTC U2106。

表 7-4　故障码 DTC U2106 诊断步骤

步骤	操　　作	是	否
1	➤ 判断是否执行了"主诊断表"	至步骤 2	—
2	➤ 关闭点火开关 10 s ➤ 在出现 DTC U2106 故障的条件下操作车辆 ➤ 使用 TECH2 选择故障诊断码显示功能 ➤ 判断 DTC U2106 是否未通过本次点火循环的测试	至步骤 3	—
3	➤ 用 TECH2 尝试与变速器控制模块进行通信 ➤ 判断是否发现故障并加以排除	至步骤 11	至步骤 4

步骤	操　　作	是	否
4	测试下列变速器控制模块电路是否存在电阻过高、断路或搭铁短路故障 ➤ 12 V 蓄电池供电电路 740 ➤ 12 V 附件电源电路 4 ➤ 点火电压控制继电器 12 V 供电电路 3391 ➤ 所有变速器控制模块搭铁线路 若发现故障，则加以排除	至步骤 13	至步骤 5
5	➤ 测试变速器控制模块和距离变速器控制模块最近的 GM LAN 部件（在 GM LAN 总线的动力系统接口模块侧）之间的串行数据电路 2500 和 2501 是否存在电阻过高或断路故障，若发现故障，则加以排除 注意：车辆上安装的 GM LAN 部件数目根据车辆配置而有所不同	至步骤 13	至步骤 6
6	➤ 断开距离变速器控制模块最近的 GM LAN 部件的插接器（在 GM LAN 总线的动力系统接口模块侧） ➤ 用数字式万用表测量部件的两个 CAN-L 端子之间的电阻 ➤ 查看数字式万用表是否显示无穷大	至步骤 8	至步骤 7
7	➤ 用数字式万用表测量部件的两个 CAN-H 端子之间的电阻 ➤ 查看数字式万用表是否显示无穷大	至步骤 8	至步骤 9
8	➤ 更换导致 DTC U2106 未通过的 GM LAN 部件	至步骤 13	
9	➤ 检查变速器控制模块（TCM）线束插接器是否接触不良，若发现故障，则加以排除	至步骤 13	至步骤 10
10	➤ 更换变速器控制模块（TCM） ➤ 判断修理是否完成	至步骤 13	—
11	➤ 检查动力系统接口模块线束插接器是否接触不良 ➤ 判断是否发现故障，并加以排除	至步骤 13	至步骤 12
12	➤ 更换动力系统接口模块（PIM）	至步骤 13	—
13	➤ 使用 TECH2 清除故障诊断码 ➤ 关闭点火开关 30 s ➤ 起动发动机 ➤ 在运行有故障码的条件下操作车辆 ➤ 判断 DTC U2106 是否未通过本次点火循环的测试	至步骤 2	至步骤 14
14	➤ 使用 TECH2 选择故障码显示功能 ➤ 查看 TECH2 是否显示任何故障码	至相关故障码表	系统正常
注：在完成所有诊断和修理后，清除故障码并检查系统工作是否正确			

动力系统接口模块持续 1 s 未接收到来自变速器控制模块的信息，则会出现该故障码，出现故障码时，组合仪表多功能显示屏将显示下列信息：检查动力传动系统，以及尽快维修车辆。

测试说明：

步骤 4：测试变速器控制模块的电源和搭铁电路。

步骤 5：测试 GM LAN 串行数据电路 2500 和 2501 及距离变速器控制模块最近的 GM LAN 部件。

步骤 6：测试 GM LAN 部件内部的 GM LAN CAN-H 电路。

步骤 7：测试 GM LAN 部件内部的 GM LAN CAN-L 电路。

步骤 9：测试变速器控制模块线束连接器是否正常。

步骤 11：测试动力系统接口模块线束插接器是否正常。

④ 故障码 DTC U2108 的诊断。故障码 DTC U2108 的含义为 CAN 总线不能与防抱死制动系统—牵引力控制系统电子控制单元通信。其诊断步骤见表 7-5。动力系统接口模块不断接收来自防抱死制动系统—牵引力控制系统电子控制单元的信息。如果动力系统接口模块未在预定时间内接收到信息，则出现 DTC U2108。

运行故障码的条件是：点火开关接通，点火电压在 10.0~16.0 V。

设置故障诊断码的条件是：动力系统接口模块持续 300 ms 未接收到来自防抱死制动系统—牵引力控制系统电子控制模块的信息。该故障码出现时，组合仪表多功能显示屏将显示下列信息：检查动力传动系，以及尽快维修车辆。

表 7-5　故障码 DTC U2108 诊断步骤

步骤	操　　作	是	否
1	➢ 判断是否执行了"主诊断表"	至步骤 2	—
2	➢ 关闭点火开关 10 s ➢ 在出现 DTC U2108 的条件下操作车辆 ➢ 用 TECH2 选择故障码显示功能 ➢ 判断 DTC U2108 是否未通过本次点火循环的测试	至步骤 3	—
3	➢ 用 TECH2 尝试与防抱死制动系统—牵引力控制系统电子控制单元进行通信 ➢ 判断 TECH2 是否与防抱死制动系统—牵引力控制系统电子控制单元通信	至步骤 11	至步骤 4
4	测试下列防抱死制动系统—牵引力控制系统电路是否存在电阻过高、断路或搭铁短路故障 ➢ 12 V 蓄电池供电电路 542、642 和 1440 ➢ 12 V 点火电压供电电路 839 和 3 ➢ 所有防抱死制动系统—牵引力控制系统搭铁线路 ➢ 判断是否发现故障并加以排除	至步骤 13	至步骤 5

续表

步骤	操　作	是	否
5	➢ 测试防抱死制动系统—牵引力控制系统电子控制单元与距离其最近的 GM LAN 部件（在 GM LAN 总线的动力系统接口模块侧）之间的串行数据电路 2500 和 2501 是否存在电阻过高或断路故障 ➢ 判断是否发现故障并加以排除 注意：车辆上安装的 GM LAN 部件数目根据车辆配置而有所不同	至步骤 13	至步骤 6
6	➢ 断开距离防抱死制动系统—牵引力控制系统电子控制单元最近的 GM LAN 部件插接器（在 GM LAN 总线的动力系统接口模块侧） ➢ 用数字式万用表测量部件的两个 CAN-L 端子之间的电阻 ➢ 查看数字式万用表是否显示无穷大	至步骤 8	至步骤 7
7	➢ 用数字式万用表测量部件的两个 CAN-H 端子之间的电阻 ➢ 查看数字式万用表是否显示无穷大	至步骤 8	至步骤 9
8	➢ 更换导致 DTC U2108 未通过的 GM LAN 部件 ➢ 判断修理是否完成	至步骤 13	—
9	➢ 检查防抱死制动系统—牵引力控制系统电子控制单元的线束插接器是否接触不良 ➢ 判断是否发现故障并加以排除	至步骤 13	至步骤 10
10	➢ 更换防抱死制动系统—牵引力控制系统电子控制单元 ➢ 判断修理是否完成	至步骤 13	—
11	➢ 检查动力系统接口模块线束插接器是否接触不良 ➢ 判断是否发现故障并加以排除	至步骤 13	至步骤 12
12	➢ 更换动力系统接口模块 ➢ 判断修理是否完成	至步骤 13	—
13	➢ 使用 TECH2 清除故障码 ➢ 关闭点火开关 30 s ➢ 起动发动机 ➢ 在运行有故障码的条件下操作车辆 ➢ 判断 DTC U2108 是否未通过本次点火循环的测试	至步骤 2	至步骤 14
14	➢ 使用 TECH2 选择故障码显示功能 ➢ 查看 TECH2 是否显示任何故障码	至相关故障码表	系统正常

注：在完成所有诊断和修理后，清除故障诊断码并检查系统工作是否正确

测试说明：

步骤 4：测试防抱死制动系统—牵引力控制系统电子控制单元的电源和搭铁电路。

步骤 5：测试 GM LAN 串行数据电路 2500 和 2501 及距离防抱死制动系统—牵引力控制系统电子控制单元最近的 GM LAN 部件。

步骤 6：测试 GM LAN 部件内部的 GM LAN CAN–H 电路。

步骤 7：测试 GM LAN 部件内部的 GM LAN CAN–L 电路。

步骤 9：测试防抱死制动系统—牵引力控制系统电子控制单元的线束插接器是否正常。

步骤 11：测试动力系统接口模块线束连接器是否正常。

7.3 别克荣御轿车车身控制模块故障自诊断

7.3.1 车身控制模块控制电器功能

① 气囊展开车辆熄火功能。一旦气囊展开，车辆将在停止后解锁车门并启亮顶灯 10 s。此时，发动机和燃油泵被关闭。

② 解锁照明。当在黑暗环境下用遥控钥匙解锁车门时，前照灯将启亮 30 s。

③ 车门自动锁定系统。当变速杆移出驻车位置时，所有车门自动锁定。可从组合仪表菜单中选择。

④ 车灯自动关闭功能。当驻车灯、前照灯或车灯自动接通时，点火钥匙转到关闭位置后，所选的车灯将在用户可调的时间段内保持启亮，然后再自动熄灭。可调节延时时间。

⑤ 车灯自动接通功能。取决于日照传感器及刮水器。日照传感器根据光照情况自动决定何时启亮或关闭前照灯，而刮水器开关位置可强制车灯更早启亮。

⑥ 蓄电池节电模式。当车辆进入节电模式后，蓄电池电流将减少至 30 mA 以下。激活此模式的时间被设定在遥控锁定车门（用钥匙通过驾驶员侧车门锁定车辆）后的 10 s 或点火开关关闭后的 1 h。

⑦ 中央锁定系统——遥控车辆安全系统。若已编程设置了 1 级解锁（仅驾驶员侧车门）模式，则按住钥匙上的锁定按钮不放就可同时锁定/解锁驾驶员侧和乘客侧车门，在所需时间内再次按下按钮就会激活各车门锁。可选择遥控门锁系统是仅控制驾驶员侧车门还是同时控制驾驶员侧和乘客侧车门。

⑧ 顶灯和门控灯控制系统。点火钥匙拧到关闭位置以及驾驶员侧车门打开和关闭都会触发顶灯关闭计时功能。入车延时照明、中央锁定车门和点火开关关闭后门控灯点亮。

⑨ 侵入警告系统。当钥匙从点火开关中拔出时，将禁用发动机，使车辆锁止。

⑩ 仪表变光控制系统。按住变光开关可改变仪表照明强度。

⑪ 间歇刮水器控制系统。当车速提高时，刮水器刮水间断时间将缩短。

⑫ 电动车窗系统。当电动车窗开关被按住 0.4 s 以上时，将执行驾驶员侧和乘客侧车窗快速下降功能。点火开关关闭后，车窗会在短时间内保持可操作状态。

⑬ 电动天线控制系统。当车身控制模块接收到收音机请求信号时，车身控制模块将控

制收音机天线的高度和驱动器方向。高度可设置并保存在优先设置的钥匙 1 和钥匙 2 上，带高度调节和高度记忆功能。

⑭ 优先设置钥匙可自动应用两个人的个人车辆设置。将钥匙 1 或钥匙 2 插入点火开关就会选择用户在所列系统中作的设置。设置内容一般包括温度控制、音响系统、超速警报、变速器动力经济模式、仪表变光器等级、前照灯关闭延时。

⑮ 后车灯灯泡故障指示。该信息在多功能显示屏上显示。检查尾灯和制动灯熔断器以及灯泡是否有故障。

车身控制模块控制电路如图 7-9~图 7-19 所示。

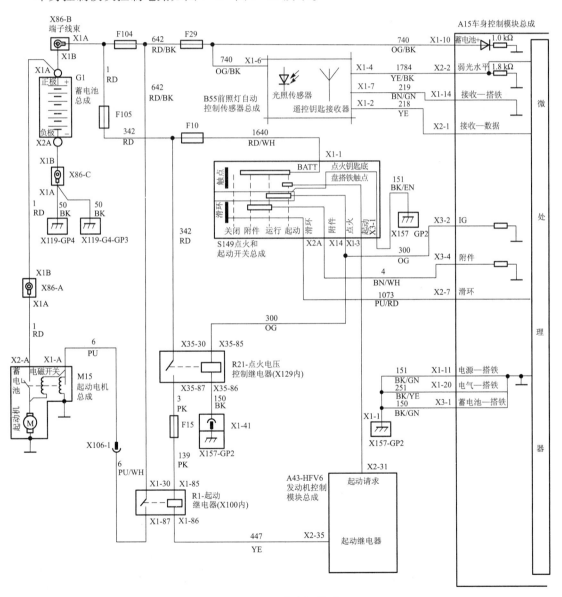

图 7-9 公共电源线路

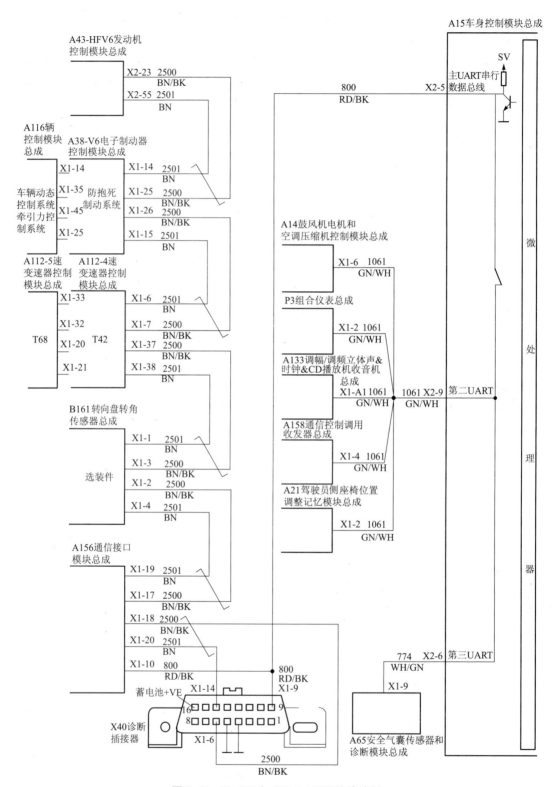

图 7-10 UART 和 GM LAN 通信线路图

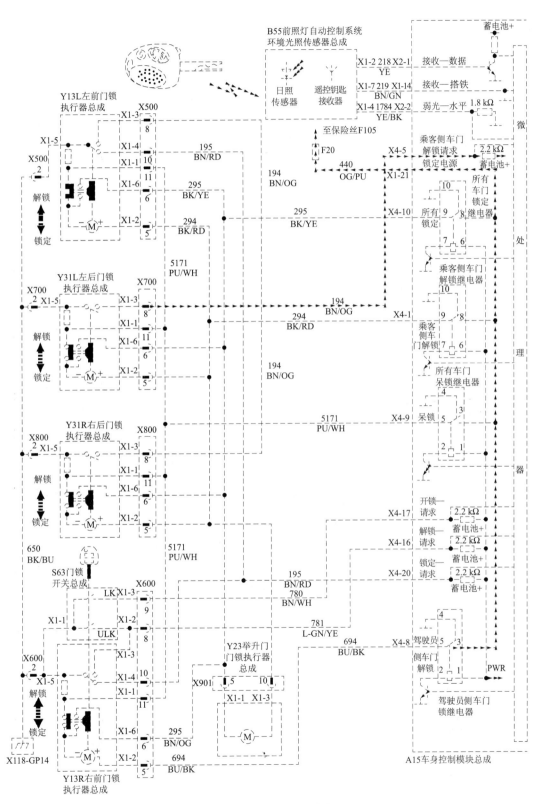

图 7-11　中央门锁定系统电路

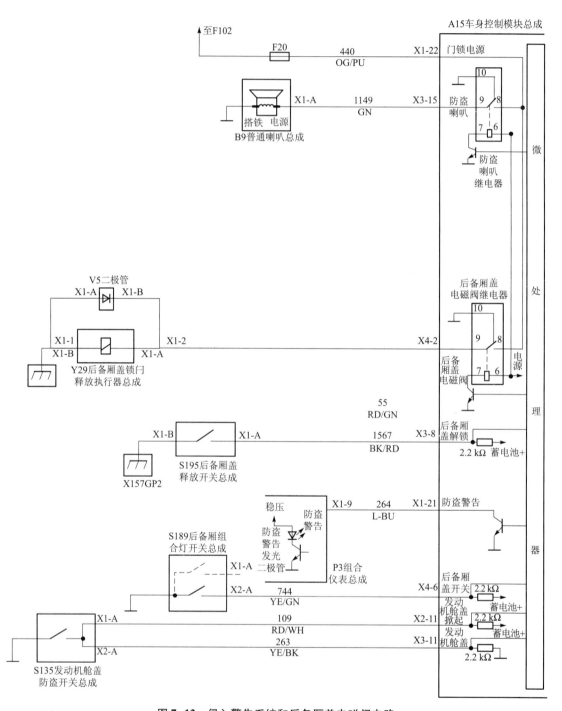

图 7-12　侵入警告系统和后备厢盖电磁阀电路

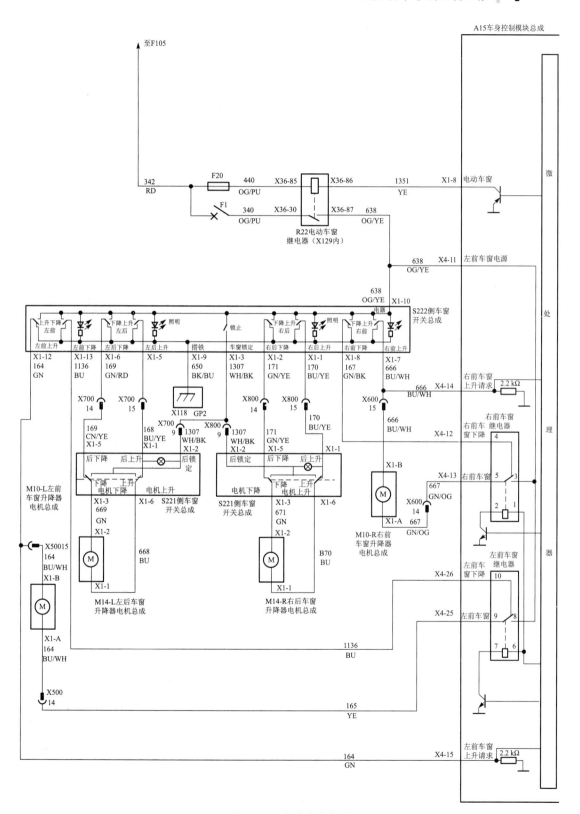

图 7-13　电动车窗电路

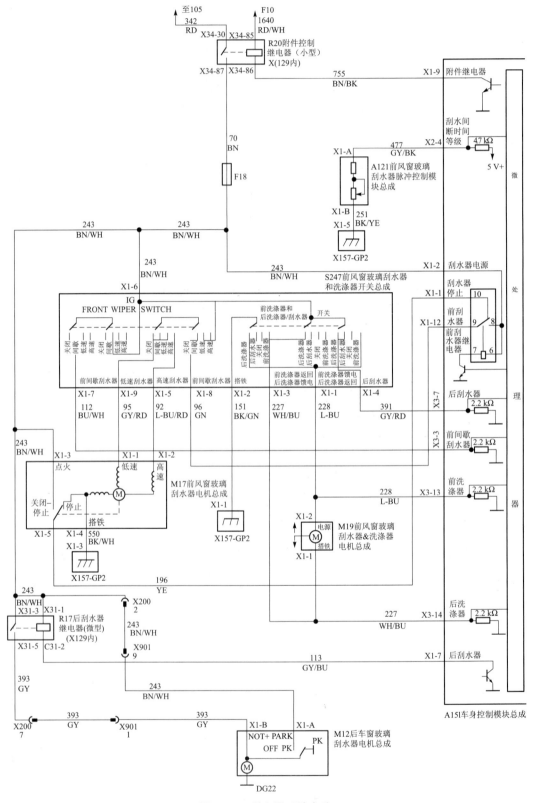

图 7-14　刮水器系统电路

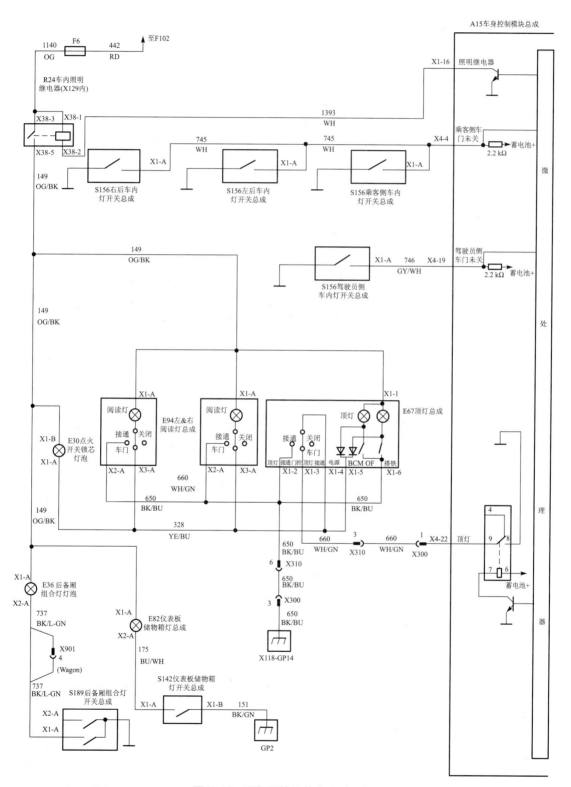

图 7-15 顶灯门控开关电路（一）

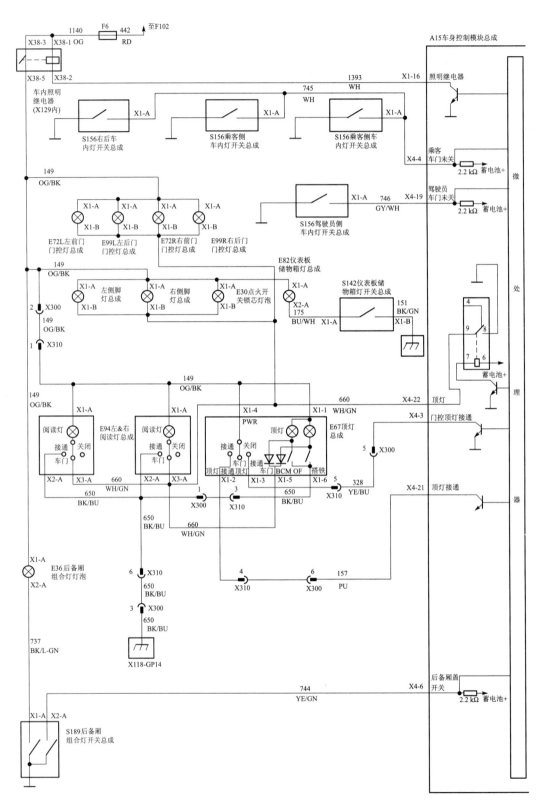

图 7-16 顶灯门控开关电路（二）

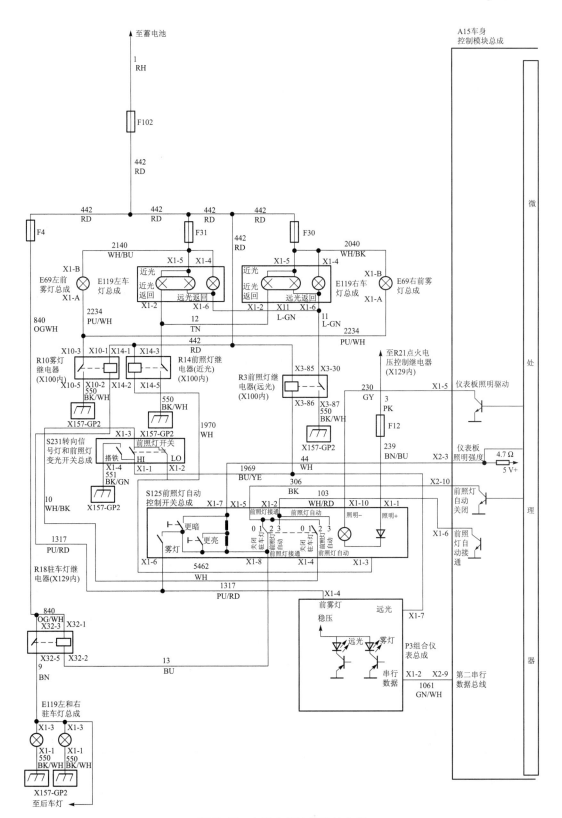

图 7-17 自动车灯控制系统电路

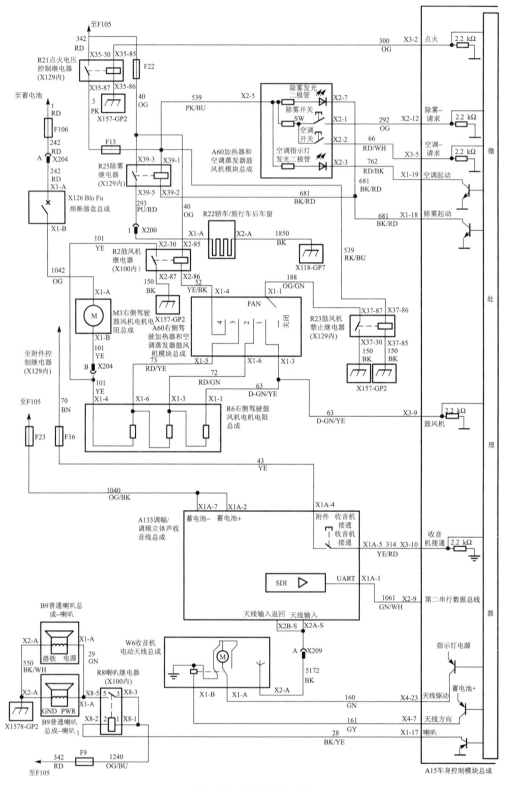

图 7-18　空调系统电路

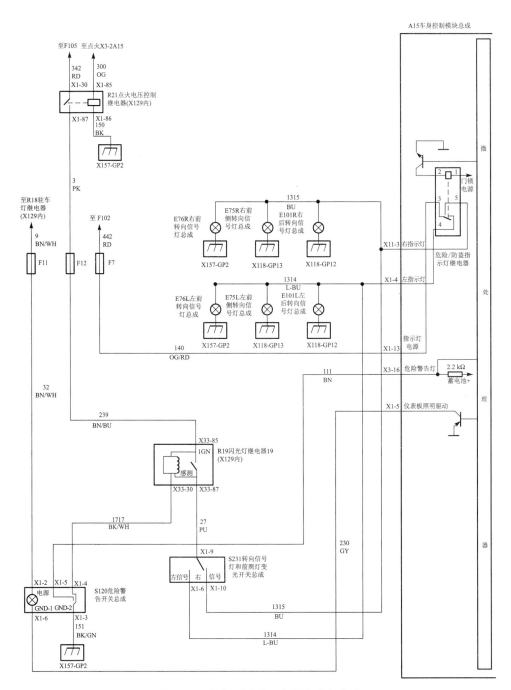

图 7-19 危险/防盗指示灯及闪光灯电路

7.3.2 车身控制模块故障诊断

车身控制模块通过第二串行数据总线（电路 1061）将数据发送到组合仪表，组合仪表电路如图 7-20~图 7-22 所示。组合仪表插接器如图 7-23 所示。如果车身控制模块没有查询到来自仪表信号超过 10 s，则将出现 DTC 13，见表 7-6。

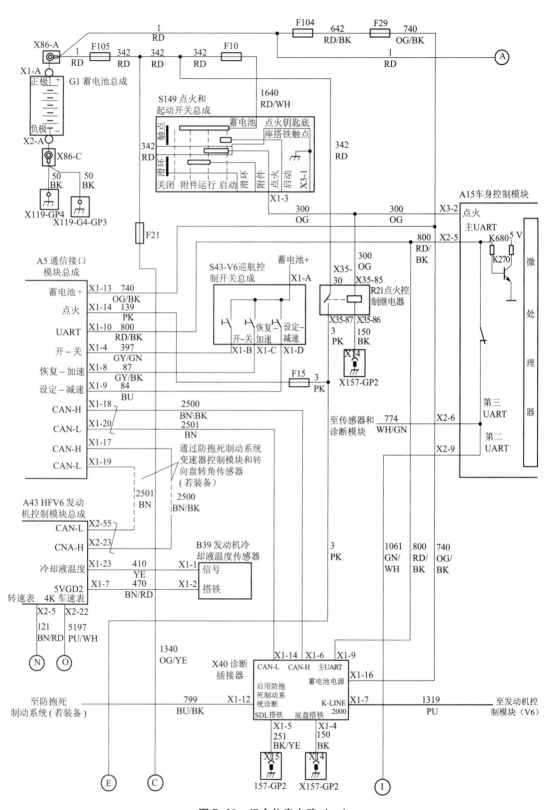

图 7-20 组合仪表电路（一）

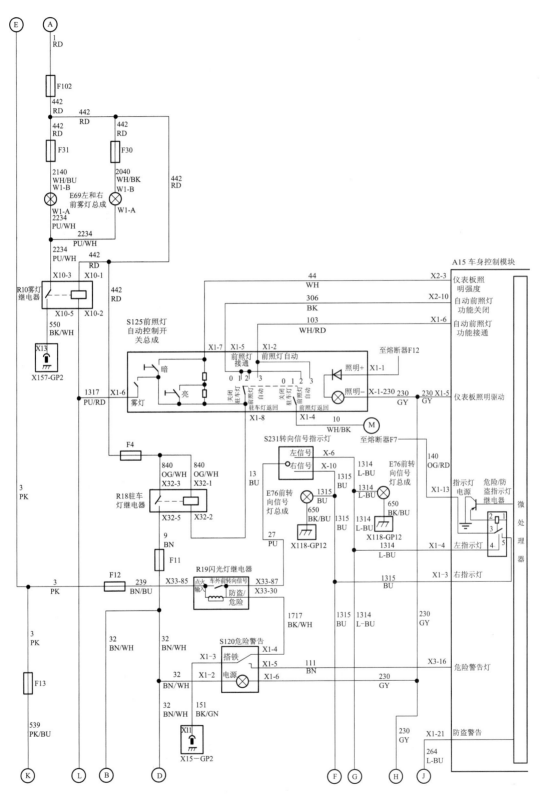

图 **7-21** 组合仪表电路（二）

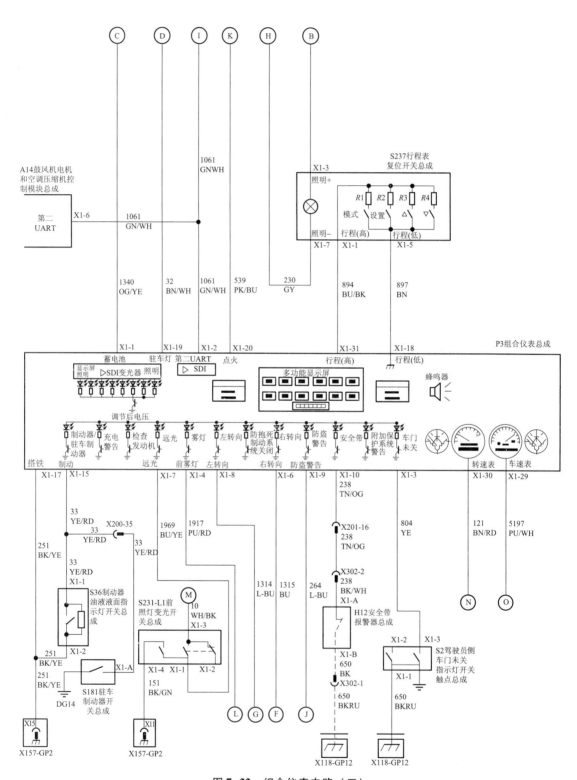

图 7-22　组合仪表电路（三）

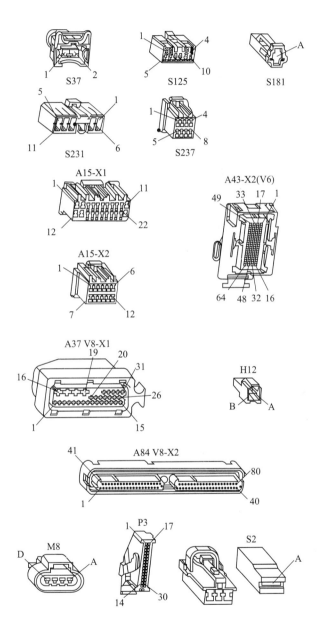

图 7-23　组合仪表插接器

表 7-6　故障码 DTC 13 的诊断步骤

步骤	操　作	是	否
1	➤ 判断是否执行了"诊断电路检查"	至步骤 2	至"诊断电路检查"
2	➤ 将 TECH2 连接到数据链路插接器上 ➤ 在 TECH2 上选择：Diagnostics（诊断）/Model Year（车型年）/Vehicle Model（车辆型号）/Body（车身）/Body Control Module（车身控制模块）/Diagnostic Trouble Codes（故障诊断码） ➤ 检查 TECH2 能否和车身控制模块（BCM）通信 注意：如果车身控制模块的旁边显示 No Data（无数据），则 TECH2 和车身控制模块之间没有通信。如果显示 No DTC（无故障诊断码）或 DTC Set（故障诊断码已设置），则 TECH2 和车身控制模块之间有通信	至步骤 3	作进一步诊断
3	➤ 在步骤 2 中，查看 TECH2 是否可以与安装在车辆上的除组合仪表外的所有其他控制模块（防抱死制动系统或防抱死制动系统电子牵引力控制、乘员温度控制、附加保护系统、收音机）通信 注意：如果控制模块旁显示 No Data（没有数据），则 TECH2 和该控制模块之间没有通信	至步骤 6	至步骤 4
4	➤ 使用设置成测量电阻的万用表，从背后探测车身控制模块插接器端子 X2 的针脚 5（电路 800）和 X2 的针脚 9（电路 1061） ➤ 判断指示值是否小于 10 Ω	至步骤 5	更换车身控制模块
5	➤ 检查车身控制模块和单个控制模块之间的电路 1061 是否存在断路、搭铁短路或对电压短路故障 ➤ 检查电路 1061 是否正常 注：断开电路 1061 中的每个控制模块（一次一个）以隔离电路中的故障或识别导致故障的控制模块	参见有故障的控制模块的相应诊断程序	维修有故障的电路 1061
6	➤ 拆卸组合仪表 ➤ 接近车身控制模块 ➤ 断开车身控制模块 A15 的插接器 X2 ➤ 使用万用表电阻挡，在车身控制模块（BCM）插接器端子 X2 的针脚 9 和组合仪表 P3 插接器 X1 的针脚 2 之间检查电路 1061 是否导通	至步骤 7	维修有故障的电路 1061

续表

步骤	操 作	是	否
7	➤ 通过测量电路 251 上仪表插接器端子 X1-17（电路 251）和搭铁点 X157-GP2 之间的电压降，检查仪表搭铁电路的完整性 ➤ 保持点火开关接通，检查电压值是否小于规定值（0.15 V）	至步骤 8	必要时，维修搭铁电路
8	➤ 在 TECH2 上，从车身菜单上选择：Body Control Module（车身控制模块）/Diagnostic Trouble Codes（故障诊断码）/Clear DTC Information（清除故障诊断码信息） ➤ 查看是否清除了故障诊断码	DTC13 是间歇性的。检查车身控制模块和组合仪表之间的电路 1061 中是否存在间歇性故障	检查组合仪表和车身控制模块插接器端子的保持力。如果正常，更换组合仪表

注：① 当完成所有诊断和维修时，清除所有故障码并检验操作是否正常

② 故障诊断时，总是从诊断电路检查开始诊断。此项检查是一个预备程序，以确保组合仪表通电、串行数据线路通信，帮助识别问题或故障，并引导读者至相应的诊断表。将 TECH2 连接到数据链路插接器上并接通点火开关，则 TECH2 应显示串行数据通信。如果 TECH2 不显示串行数据，则串行数据电路可能断路或短路。舒适系统和其他几个控制模块被连接在串行数据线路上。这些控制模块是动力系统控制模块、动力系统接口模块、车身控制模块、防抱死制动系统或防抱死制动系统—牵引力控制系统、乘员温度控制（OCC）和附加保护系统（SRS）。舒适系统或任何一个控制模块都可能引起串行数据线路发生故障。此故障可能导致 TECH2 不能显示串行数据

7.3.3 无串行通信数据的故障诊断

当检查组合仪表故障时，将 TECH2 连接到数据链路插接器上，并且接通点火开关，则 TECH2 应当显示串行数据通信。如果 TECH2 不显示串行数据，则串行数据电路可能断路或短路，则出现 DTC 14 故障码。

第二 UART 总线的数据模块除了传感器和诊断模块（SDM）之外的所有其他模块中的任何一个都可能导致串行数据线路故障。此故障可能导致 TECH2 不能显示串行数据信息并且超过 10 s，则故障码 DTC 14 也将出现。DTC 14 的诊断步骤见表 7-7。

表 7-7 故障码 DTC 14 诊断步骤

步骤	操 作	是	否
1	➤ 判断是否执行了"诊断电路检查"	至步骤 2	至"诊断电路检查"

步骤	操　作	是	否
2	➤ 将 TECH2 连接到数据链路插接器上 ➤ 在 TECH2 上选择：Diagnostics（诊断）/Model Year（车型年）/Vehicle Model（车辆型号）/Body（车身）/Body Control Module（车身控制模块）/Diagnostic Trouble Codes（故障诊断码） ➤ 查看 TECH2 能否和车身控制模块（BCM）通信 注意：如果车身控制模块的旁边显示 No Data（无数据），则 TECH2 和车身控制模块之间没有通信。如果显示 No DTC（无故障诊断码）或 DTC Set（故障诊断码已设置），则 TECH2 和车身控制模块之间有通信	至步骤 3	作进一步诊断
3	➤ 在步骤 2 中，查看 TECH2 是否可以与安装在车辆上的除组合仪表外的所有其他控制模块（防抱死制动系统或防抱死制动系统—牵引力控制系统、乘员温度控制、附加保护系统、收音机）通信 注意：如果控制模块旁显示 No Data（没有数据），则 TECH2 和该控制模块之间没有通信	至步骤 6	至步骤 4
4	➤ 接近车身控制模块 ➤ 使用测量电阻的万用表，从背后探测车身控制模块插接器端子 X2 的针脚 5（电路 800）和端子 X2 的针脚 9 ➤ 查看测量值是否小于 10 Ω	至步骤 5	更换车身控制模块
5	➤ 检查车身控制模块和独立控制模块之间的电路 1061 是否存在断路、搭铁短路或电压短路故障 ➤ 查看电路 1061 是否正常 注意：断开电路 1061 中的每个控制模块（一次一个）以隔离电路中的故障或识别导致故障的控制模块	参见有故障的控制模块的相应诊断程序	维修有故障的电路 1061
6	➤ 拆卸组合仪表 ➤ 拆卸车身控制模块 ➤ 断开车身控制模块（BCM）A15 的插接器 X2 ➤ 使用测量电阻的万用表，在车身控制模块插接器端子 X2 的针脚 9 和组合仪表 P3 插接器 X1 的针脚 2 之间检查电路 1061 是否导通	至步骤 7	维修有故障的电路 1061
7	➤ 使用万用表电阻挡，在组合仪表 P3 的插接器 X1 的针脚 17 和搭铁点 X157 的针脚 GP2 之间，检查组合仪表搭铁电路 251 是否导通 ➤ 查看测量值是否小于 1 Ω	至步骤 8	必要时，维修接地电路

续表

步骤	操　　作	是	否
8	➢ 在 TECH2 上，从车身菜单上选择：Body Control Module（车身控制模块）/Diagnostic Trouble Codes（故障诊断码）/Clear DTC Information（清除故障诊断码信息） ➢ 查看是否清除了故障诊断码	DTC 14 是间歇性的。检查车身控制模块和组合仪表之间的电路 1061 中是否存在间歇性故障	检查组合仪表和车身控制模块插接器端子的保持力。如果正常，更换组合仪表

注：当完成所有诊断和维修时，清除所有故障诊断码并检验操作是否正常

【任务实施】

（微课　实训视频：故障诊断仪类型、功能及使用方法（通用））

任务　别克轿车中控门锁故障诊断

任务要求：

1. 通过任务实施，让学员能够掌握别克轿车总线网络拓扑结构
2. 能够使用示波器测量别克轿车总线波形

任务工单：

任课教师		学时	
班级		学生姓名	
模块	模块七 别克轿车总线系统检修	学习时间	
任务	别克轿车中控门锁故障诊断	学习地点	
仪器与设备	别克轿车、别克轿车专用诊断仪、FSA740、万用表		
参考资料	别克轿车维修手册及电路图		
课堂学习	1. 简述 UART 串行通信网络的特点 2. 画出 UART 串行通信网络波形（100001110111011）		

课堂学习	3. 标出别克轿车串行数据总线布局图中图注名称 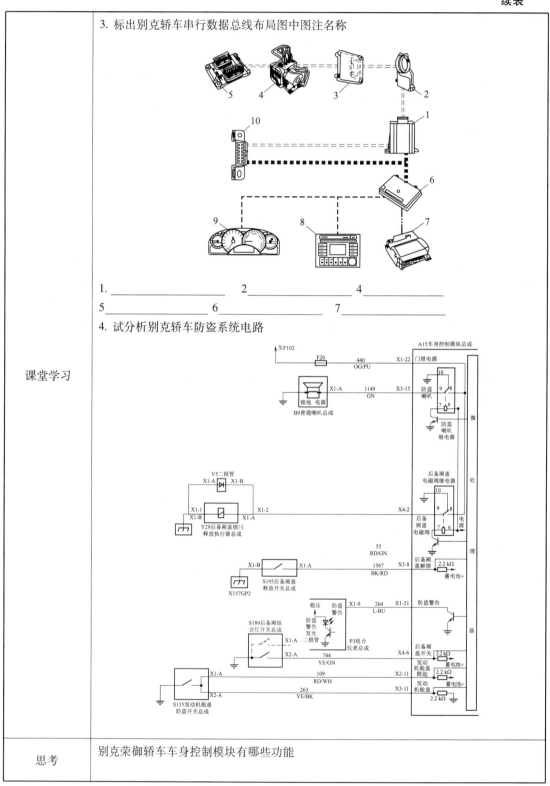 1. _____ 2. _____ 4. _____ 5. _____ 6. _____ 7. _____ 4. 试分析别克轿车防盗系统电路
思考	别克荣御轿车车身控制模块有哪些功能

小结

1. 别克荣御轿车采用 UART 串行通信系统。

2. UART 是异步收发串行通信系统，它采用单线制线路，传输速率 8 192 bit/s。

3. 别克荣御轿车中各种电子控制模块之间通过串行数据总线通信，发动机控制模块（ECM）、变速器控制模块（TCM）和防抱死制动系统—牵引力控制系统（ABS-TCS），利用 GM LAN 通信协议在串行数据总线上进行通信，而车身控制模块（BCM）则利用通用异步收发（UART）通信协议与组合仪表、音响主机（AHU）和乘客保护系统传感器及诊断模块（SDM）进行通信。

4. 动力系统接口模块 PIM（网关）集成在串行数据网络中，相当于一个"翻译"装置，可使 GM LAN 串行数据总线上的控制模块与 UART 串行数据总线上的控制模块进行通信。

5. GM LAN 和 UART 协议的主要区别在于，UART 依靠总线主控模块控制信息收发，而 GM LAN 的信息收发由各控制模块管理。GM LAN 总线采用的是高速差分模式进行通信，通信速率是 500 kbit/s。

6. 串行数据传输故障码使用 TECH2 诊断仪进行诊断。

7. 别克荣御轿车车身控制模块控制电器功能：气囊展开车辆熄火功能、解锁照明、车门自动锁定系统、车灯自动关闭功能。车灯自动接通功能、蓄电池节电模式、中央锁定系统——遥控车辆安全系统、顶灯和门控灯控制功能、仪表变光控制功能、间歇刮水器控制功能、电动车窗系统、电动天线控制系统、优先设置钥匙可自动应用两个人的个人车辆设置、后车灯灯泡故障指示功能。

 习题

1. 参考图 7-13 画出别克荣御轿车电动车窗电路。

2. 别克荣御轿车车身控制模块有哪些功能？

参 考 文 献

[1] 张文灼. 单片机应用［M］. 北京：机械工业出版社，2009.

[2] 侯树海. 汽车单片机及局域网技术［M］. 北京：高等教育出版社，2005.

[3] 魏春源. 汽车安全性与舒适性系统［M］. 北京：北京理工大学出版社，2007.

[4] 孙仁云，付百学. 汽车电器与电子技术［M］. 北京：机械工业出版社，2008.

[5] 付百学，马彪. 现代汽车电子技术［M］. 北京：北京理工大学出版社，2008.

[6] 杨庆彪. 现代轿车全车网络系统原理与维修［M］. 北京：国防工业出版社，2007.

[7] 顾柏良. BOSCH 汽车工程手册［M］. 北京：北京理工大学出版社，2004.

[8] 陈无畏. 汽车车身电子与控制技术［M］. 北京：机械工业出版社，2008.

[9] 谭本中. 汽车车载网络［M］. 北京：北京理工大学出版社，2008.

[10] 于万里. 车载网络原理与检修［M］. 北京：电子工业出版社，2008.